重庆文理学院特色应用教材建设资助

微生物学实验

主　编　黄孟军　姜玉松　陈泉洲
副主编　胡承波　罗　燕　安亚楠
　　　　梁书婷　冯莹柱　雷　丽

北　京
冶金工业出版社
2021

内 容 提 要

本书以应用性为主，以微生物学教材理论为指导，内容涉及微生物学与相关学科的基础实验，包括实验常用仪器与设备的介绍与使用，重点在微生物观察、培养基制备、微生物培养、鉴定、生理生化反应、环境对微生物的影响等，还涵盖微生物遗传学、病毒学及免疫学等相关重要检测分析实验。

本书适用于科研院所、高校微生物学学科有关人员和师生参考。

图书在版编目（CIP）数据

微生物学实验／黄孟军，姜玉松，陈泉洲主编. —北京：冶金工业出版社，2020. 6（2021. 7 重印）

ISBN 978-7-5024-8546-7

Ⅰ. ①微… Ⅱ. ①黄… ②姜… ③陈… Ⅲ. ①微生物学—实验—高等学校—教材 Ⅳ. ①Q93-33

中国版本图书馆 CIP 数据核字（2020）第 096170 号

出 版 人 苏长永

地　　址 北京市东城区嵩祝院北巷 39 号 邮编 100009 电话 （010）64027926

网　　址 www. cnmip. com. cn 电子信箱 yjcbs@ cnmip. com. cn

责任编辑 姜晓辉 美术编辑 吕欣童 版式设计 孙跃红

责任校对 郑 娟 责任印制 李玉山

ISBN 978-7-5024-8546-7

冶金工业出版社出版发行；各地新华书店经销；北京建宏印刷有限公司印刷

2020 年 6 月第 1 版，2021 年 7 月第 2 次印刷

710mm×1000mm 1/16；11. 25 印张；216 千字；167 页

68. 00 元

冶金工业出版社 投稿电话 （010）64027932 投稿信箱 tougao@cnmip. com. cn

冶金工业出版社营销中心 电话 （010）64044283 传真 （010）64027893

冶金工业出版社天猫旗舰店 yjgycbs. tmall. com

（本书如有印装质量问题，本社营销中心负责退换）

前　言

微生物学实验技术和方法是微生物学建立和发展的基础，曾为生命科学技术的发展做出过积极重要的贡献。随着分子生物学的诞生及其技术的应用，各学科的交叉和渗透，极大地丰富了微生物学实验技术的内容，并将其推向一个新的发展阶段。微生物学实验技术和方法也已广泛地渗透到现代生命科学的各分支领域，不断发挥着独特的作用。因此，“微生物学实验”是一门十分重要的基础实验课。

根据微生物的特点，本课程要求学生牢固地建立无菌概念，牢记微生物的基本特性，掌握一套完整微生物实验基本操作技术。在实验中加深理解基础理论知识，并用所学的实验技能完成一个小型微生物研究项目，提高学生微生物实验的创新意识及科研工作能力，提高学生分析问题和解决问题的能力。本书介绍了微生物学的基本实验操作方法和技术，包括微生物的纯培养技术，微生物的分离、纯化及其鉴定方法；微生物生理、微生物遗传以及病毒血清学鉴定等方面的操作技术和方法等。

本书可作为高等院校药学、制药工程、生命科学、微生物学、生物技术、动物工程、资源环境及植物病理学等专业的教学用书，也可作为相关科技人员的参考书。

本书的出版得到了重庆文理学院特色应用教材建设资助，在此表示衷心感谢。

由于编者理论与实践水平有限，本书不妥之处热忱希望读者批评指正。

作　者

2019年11月

目　　录

第一章　概　　述

一、实验须知

普通微生物学实验课的目的是：训练学生掌握微生物学最基本的操作技能；了解微生物学的基本知识；加深理解课堂讲授的微生物学理论。同时，通过实验，培养学生观察、思考、提出问题、分析问题和解决问题的能力；养成实事求是、严肃认真的科学态度，以及敢于创新的开拓精神；树立勤俭节约、爱护公物的良好作风。

为了上好微生物学实验课，并保证安全，特提出如下注意事项：

(1) 每次实验前必须对实验内容进行充分预习，以了解实验的目的、原理和方法，做到心中有数，思路清楚。

(2) 认真、及时做好实验记录，对于当时不能得到结果而需要连续观察的实验，则需记下每次观察的现象和结果，以便分析。

(3) 实验室内应保持整洁，勿高声谈话和随便走动，保持室内安静。

(4) 实验时小心仔细、全部操作应严格按操作规程进行，万一遇有盛菌试管或不慎打破、皮肤破伤或菌液吸入口中等意外情况发生时应立即报告指导教师，及时处理，切勿隐瞒。

(5) 实验过程中，切勿使乙醇、乙醚、丙酮等易燃药品接近火焰，如遇火险，应先关掉火源，再用湿布或沙土掩盖灭火，必要时用灭火机。

(6) 使用显微镜或其他贵重仪器时，要求细心操作，特别爱护，对消耗材料和药品等要力求节约，用毕后仍放回原处。

(7) 每次实验完毕后，必须把所用仪器抹净放妥，将实验室收拾整齐，擦净桌面。如有菌液污染桌面或其他地方时，可用3%来苏尔液或5%石炭酸液覆盖0.5h后擦去，如系芽孢杆菌，应适当延长消毒时间。凡带菌之工具（如吸管、玻璃刮棒等）在洗涤前须浸泡在3%来苏尔液中进行清毒。

(8) 每次实验需进行培养的材料，应标明自已的组别及处理方法，放于教师指定的地点进行培养。实验室中的菌种和物品等，未经教师许可，不得携出室外。

(9) 每次实验的结果，应以实事求是的科学态度填入报告表格中，力求简明准确，认真回答思考题，并及时汇交教师批阅。

(10) 离开实验室前将手洗净，注意关闭火、煤气、门、窗、灯等。

二、微生物学实验室常用的仪器

微生物学实验所用的器皿，要进行消毒、灭菌和用来培养微生物，因此对其质量、洗涤和包装方法均有一定的要求。玻璃器皿一般要求硬质玻璃，能承受高温和短暂灼烧而不致破裂；玻璃器皿的游离碱含量要少，以免影响培养基的酸碱度；玻璃器皿的形状和包装方法要求能防止污染杂菌；洗涤玻璃器皿的方法不当也会影响实验的结果。目前国外微生物学实验室中，有些玻璃器皿（如培养皿、吸管等）已被一次性塑料制品所代替，但玻璃器皿仍是重要的实验室用具。本节将主要对玻璃器皿做详细介绍，同时也对接种或转移微生物的工具等做相应地说明。

（一）器皿的种类、要求与应用

1. 试管

微生物学实验室所用玻璃试管，其管壁必须比化学实验室用的厚些，这样在塞棉花塞时，管口才不会破损。试管的形状要求没有翻口。否则，微生物容易从棉塞与管口的缝隙间进入试管而造成污染，也不便于盖试管帽。有的实验要求尽量减低蒸发试管内的水分，则需要使用螺口试管，盖以螺口胶木帽或塑料帽。培养细菌一般用金属（例如铝）帽或棉塞，也有的用泡沫塑料塞。

试管的大小可根据用途的不同，准备下列三种型号：

(1) 大试管（约18mm×180mm）可盛倒平板用的培养基；亦可作制备琼脂斜面用（需要大量菌体时用）和盛液体培养基用于微生物的振荡培养；

(2) 中试管（约(13~15)mm×(100~150)mm）盛液体培养基培养细菌或做琼脂斜面用，亦可用于细菌、病毒等的稀释和血清学试验；

(3) 小试管（(10~12)mm×100mm），一般用于糖发酵或血清学试验，和其他需要节省材料的试验。

2. 德汉氏小管

观察细菌在糖发酵培养基内产气情况时，一般在小试管内再套一倒置的小套管（约6mm×36mm）。此小套管即为德汉氏小管，又称发酵小套管。

3. 三角烧瓶与烧杯

三角烧瓶有100mL、250mL、500mL和1000mL等不同的大小，常用来盛无菌水、培养基和振荡培养微生物等。常用的烧杯有50mL、100mL、250mL、500mL和1000mL等，用来配制培养基与各种溶液等。

4. 培养皿

常用的培养皿，皿底直径90mm、高15mm，皿底皿盖均为玻璃制成，但有特殊需要时，可使用陶器皿盖，因其能吸收水分，使培养基表面干燥。例如，测定抗生素生物效价时，培养皿不能倒置培养，则用陶器皿盖为好。

在培养皿内倒入适量固体培养基制成平板，可用于分离、纯化、鉴定菌种，活菌计数以及测定抗生素、噬菌体的效价等。

5. 载玻片与盖玻片

普通载玻片尺寸为75mm × 25mm，用于微生物涂片、染色、做形态观察等。盖玻片尺寸为18mm×18mm。

凹玻片是在一块较厚玻片的当中有一圆形凹窝，做悬滴观察活细菌以及微室培养用。

6. 双层瓶

双层瓶由内外两个玻璃瓶组成，内层小锥形瓶放香柏油，供油镜头观察微生物时使用，外层瓶盛放二甲苯，用以擦净油镜头，见图 1-1。

7. 滴瓶

滴瓶用来装各种染料、生理盐水等（图 1-2）。

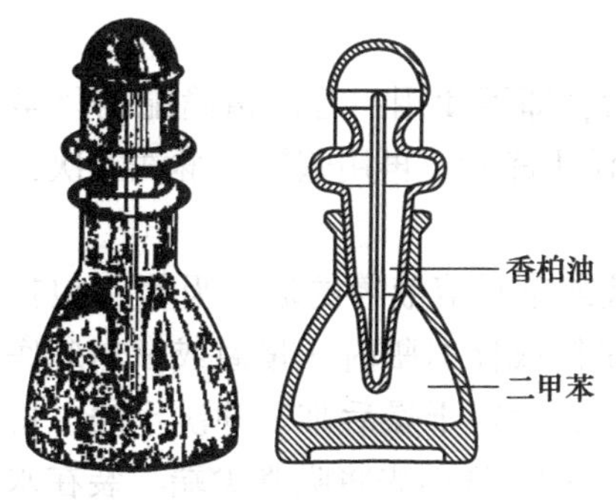

图 1-1　双层瓶

图 1-2　滴瓶

8. 接种工具

接种工具有接种环、接种针、接种钩、接种炉、玻璃涂布器等。制造环、针、钩、铲的金属可用铂或镍，原则是软硬适度，能经受火焰反复烧灼，又易冷却。接种细菌和酵母菌用接种环和接种针，其铂丝或镍丝的直径以 0.5mm 为适当，环的内径约 2~4mm，环面应平整。

（二）玻璃器皿的清洗方法

清洁的玻璃器皿是确保实验得到正确结果的先决条件。因此，玻璃器皿的清洗是实验前的一项重要准备工作。清洗方法根据实验目的、器皿的种类、所盛的物品、洗涤剂的类别和沾污程度等的不同而有所不同，现分述如下。

1. 新玻璃器皿的洗涤方法

新购置的玻璃器皿含游离碱较多，应在酸溶液内先浸泡数小时。酸溶液一般用2%的盐酸或洗涤液。浸泡后用自来水冲洗干净。

2. 使用过的玻璃器皿的洗涤方法

（1）试管、培养皿、三角烧瓶、烧杯等可用瓶刷或海绵沾上肥皂或洗衣粉或去污粉等洗涤剂刷洗，然后用自来水充分冲洗干净。热的肥皂水去污能力更强，可有效地洗去器皿上的油污。洗衣粉和去污粉较难冲洗干净而常在器壁上附有一层微小粒子，故要用水多次甚至10次以上充分冲洗，或可用稀盐酸摇洗一次，再用水冲洗，然后倒置于铁丝框内或有空心格子的木架上，在室内晾干。急用时可盛于框内或搪瓷盘上，放烘箱内烘干。

玻璃器皿经洗涤后，若内壁的水均匀分布成一薄层，表示油垢完全洗净；若挂有水珠，则还需用洗涤液浸泡数小时，然后再用自来水充分冲洗。

装有固体培养基的器皿应先将其刮去，然后洗涤。带菌的器皿在洗涤前先浸在2%煤酚皂溶液（来苏尔）或0.25%新洁尔灭消毒液内24h或煮沸0.5h，再用上法洗涤。带病原菌的培养物应先行高压蒸汽灭菌，然后将培养物倒去，再进行洗涤。

盛放一般培养基用的器皿经上法洗涤后，即可使用，若需精确配制化学药品，或做科研用的精确实验，要求自来水冲洗干净后，再用蒸馏水淋洗三次，晾干或烘干后备用。

（2）玻璃吸管吸过血液、血清、糖溶液或染料溶液等的玻璃吸管（包括毛细吸管），使用后应立即投入盛有自来水的量筒或标本瓶内（量筒或标本瓶底部应垫以脱脂棉花，否则吸管投入时容易破损），免得干燥后难以冲洗干净，待实验完毕，再集中冲洗。若吸管顶部塞有棉花，则冲洗前先将吸管尖端与装在水龙头上的橡皮管连接，用水将棉花冲出，然后再装入吸管自动洗涤器内冲洗，没有吸管自动洗涤器的实验室可用冲出棉花的方法多冲洗片刻。必要时再用蒸馏水淋洗。洗净后，放搪瓷盘中晾干，若要加速干燥，可放烘箱内烘干。

吸过含有微生物培养物的吸管，亦应立即投入盛有2%煤酚皂溶液或0.25%新洁尔灭消毒液的量筒或标本瓶内，24h后方可取出冲洗。

吸管的内壁如果有油垢，同样应先在洗涤液内浸泡数小时，然后再进行冲洗。

（3）用过的载玻片与盖玻片如滴有香柏油，要先用皱纹纸擦去或浸在二甲苯内摇晃几次，使油垢溶解，再在肥皂水中煮沸5~10min，用软布或脱脂棉花擦拭，立即用自来水冲洗，然后在稀洗涤液中浸泡0.5~2h，自来水冲去洗涤液，最后用蒸馏水换洗数次，待干后浸于95%乙醇中保存备用。使用时在火焰上烧去乙醇。用此法洗涤和保存的载玻片和盖玻片清洁透亮，没有水珠。

检查过活菌的载玻片或盖玻片应先在2%煤酚皂溶液或0.25%新洁尔灭溶液中浸泡24h，然后按上述洗涤与保存。

(三) 空玻璃器皿的包装

1. 培养皿的包装

培养皿常用旧报纸密密包紧，一般以5~8套培养皿作一包，少于5套工作量太大，多于8套不易操作。包好后进行干热或湿热灭菌。如将培养皿放入金属（不锈钢）筒内进行干热灭菌，则不必用纸包。金属筒有一圆筒形的带盖外筒，里面放一装培养皿的带底框架（图1-3）此框架可自圆筒内提出，以便装取培养皿。

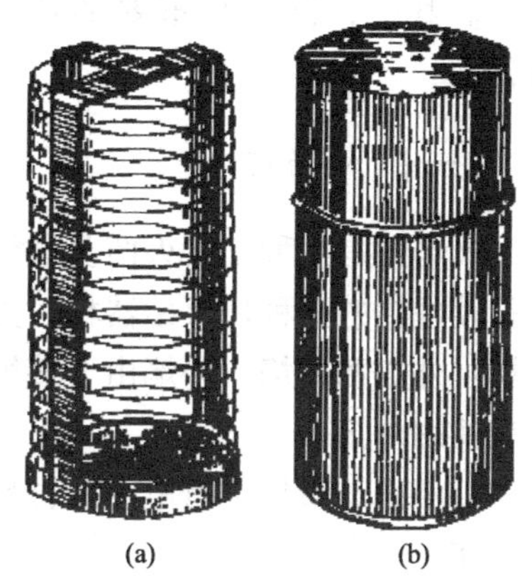

图1-3 装培养皿的金属筒
a—内部框架；b—带盖外筒

2. 吸管的包装

准备好干燥的吸管，在距其粗头顶端约0.5cm处，塞一小段约1.5cm长的棉花，以免使用时将杂菌吹入其中，或不慎将微生物吸出管外。棉花要塞得松紧恰当（过紧，不便吹吸液；过松，吹气时棉花会下滑），然后分别将每支吸管尖端斜放在旧报纸条的近左端，与报纸约呈45°角，并将左端多余的一段纸覆折在吸管上，再将整根吸管卷入报纸，右端多余的报纸打一小结。如此包好的很多吸管可再用一张大报纸包好，进行干热灭菌。如果有装吸管的铜或不锈钢筒，亦可将分别包好的吸管一起装入筒内，进行灭菌；若预计一筒灭菌的吸管可一次用完，亦可不用报纸包而直接装入筒内灭菌，但要求吸管尖朝筒底，粗端在筒口，使用时，将筒卧放在桌上，用手持粗端抽出。

3. 试管和三角烧瓶等的包装

试管管口和三角烧瓶瓶口塞以棉花塞，然后在棉花塞与管口和瓶口的外面用两层报纸与细线包扎好（如果能用铝箔则更好，可省去用线扎且效果好）。进行干热或湿热灭菌，试管塞好塞子后也可一起装在铁丝篓中，用大张报纸或铝箔将一篓试管口做一次包扎，包纸的目的在于保存期避免灰尘浸入。

空的玻璃器皿一般用干热灭菌，若用湿热灭菌，则要多用几层报纸包扎，外面最好加一层牛皮纸或铝箔。

三、微生物学实验中常用的仪器和设备

根据微生物实验室的安全要求和使用要求，要不同于一般的实验室工程或净化工程。主要应用于微生物学、生物医学、生物化学、动物实验、基因重组以及

生物制品等研究使用的实验室统称生物安全实验室。

生物安全实验室由主功能实验室与其他实验室及辅助功能用房组成。生物安全实验室必须保证人身安全、环境安全、废弃物安全和样本安全，能长期而安全地运行，同时还为需要实验室工作人员提供一个舒适而良好的工作环境。其中，仪器是重要的环节。下面介绍微生物实验室常用的一些仪器设备。

（一）火焰灯

火焰灯是接种工具灭菌及试管等物品无菌化处理的必备器材。酒精灯、煤气灯是较理想的接种环灭菌器材，火焰的大小可根据需要自行调节。火焰柱可分为两层：外焰和内焰。外焰由于接触氧气丰富，热度很高，所以烧灼接种环或物品时应使用外焰。

近年来，市场上有电热接种环灭菌器，使用比较安全，特别适于结核杆菌实验操作。

（二）接种工具

接种工具可以分为接种环和接种针两类。接种环用来挑取标本、菌液及划菌落涂平板等，直径一般为2~4mm，也可依需要自定。接种针则用来挑取单个菌落，穿刺高层琼脂等。为了适应不同的需要，接种环可做成不同的形式（有环者为接种环或称白金耳，无环者为精种针或称白金）。

（三）显微镜

显微镜用于观察某些病原微生物和人体寄生虫的神态（包括病毒包涵体形态）。

一般的光学显微镜就可满足常规要求，其目镜常用5×、8×、10×，物镜常有10×、40×和100×（油镜），细菌和某些寄生虫虫卵等检验常用油镜，应注意保护油镜头。有条件的实验室还可装备暗视野显微镜、倒置显微镜、荧光显微镜，甚至是可以观察病毒等形态的电子显微镜。

（四）温箱

温箱是进行细菌培养的基本设备，可调控温度范围一般在20~60℃，其容积可根据实际要求进行选择，温箱有隔水式和非隔水式两种类型。

培养一般的细菌时，温箱的温度应定在37℃，温箱应由控温仪进行温度控制，以避免由于温箱偶然升温使细菌死亡，或发育受影响。另外，温箱也可依需要设定其他温度，如26℃、43℃等。

（五）CO_2培养设备

CO_2培养设备用于分离和培养需要CO_2气体才能生长的病原微生物。

市场销售的专用的CO_2培养箱对于常规实验室来说成本太高，一般用蜡烛罐亦可满足要求。以真空干燥罐、标本缸、甚至厌氧培养罐作为蜡烛罐，将接种的平板和试管放在罐内，然后放入点燃的蜡烛，再将罐盖盖好并用凡士林密闭，待蜡烛耗尽罐内的氧气，自行熄灭，即达到了所需的5%~10%的CO_2浓度。将蜡烛罐放入普通温箱孵育便可。也可用化学试剂产气法，如每升体积需枸橼酸（$CeksO_7$）9.3g、Na_2HCO_3 0.37g，两试剂混合置一小烧杯中然后置于罐内。向烧杯中加入10mL蒸馏水，立即将罐封闭。如此产生的CO_2环境也比较理想。

（六）高压灭菌设备

高压灭菌器是微生物学实验室必备的设备，用于培养基及其他物品的灭菌。

高压灭菌器有立式、卧式之分。也有比较小型的平提式高压灭菌器，适用于小型实验室，由于热源不同，又可分为蒸汽式和电热式，不同的实验室可根据具体情况选用。

（七）冰箱

冰箱是微生物学实验室用于储存制备好的培养基、菌种、试剂等的必需设备。

冰箱的种类很多，家用和医用的均可。用于储存培养基，可选用0~4℃范围的冰箱，放置抗原、抗体等试剂最好选用-20℃的冰箱，菌种保存放于-70℃冰箱最好。

第二章　微生物的形态结构观察

实验一　实验室环境和人体表面的微生物检查

一、实验目的

（1）证明实验室环境与人体表面存在微生物。
（2）观察不同的类群微生物的菌落形态特征。
（3）比较不同场所不同条件下的细菌的数量和类型。
（4）体会无菌操作的重要性。

二、实验原理

显微技术是观察微生物的其中一种方法，这是通过放大微生物个体，使我们能够看到它们。另一种方法是通过“放大”成菌落，使我们看到它们，即通过培养的方法使肉眼看不见的单个菌体在培养基上，经过生长繁殖形成几百万个聚集在一起的、肉眼可见的菌落。

平板培养基含有细菌生长所需要的营养成分，当取自不同来源的样品接种于培养基上，在适宜温度下培养，1~2 天内每一菌体即能通过很多次细胞分裂而进行繁殖，形成一个可见的细胞群体集落，称为菌落。

每一种细菌所形成的菌落都有它自己的特点。例如，菌落的大小，表面干燥或湿润、隆起或扁平、粗糙或光滑，边缘整齐或不整齐，菌落透明、半透明或不透明，颜色以及质地疏松或紧密等。因此，可通过平板培养来检查环境中细菌的数量和类别。

高温对微生物有致死效应，因此在微生物的转接过程中，一般在火焰旁进行，并用火焰直接灼烧接种环，以达到灭菌的目的，但一定要保证其冷却后才可以进行转移，以免烫死微生物。

三、实验器材

（1）培养基：肉膏蛋白胨琼脂平板。
（2）溶液和试剂：无菌水、牛肉膏、蛋白胨、NaCl、琼脂。

（3）仪器和其他用品：试管、灭菌棉签（装在试管内）、试管架、酒精灯或煤气灯、接种环、烧杯、锥形瓶、记号笔和废物缸等。

四、实验步骤

1. 培养基的制作

（1）称量。制作20个肉膏蛋白琼脂平板。具体为：牛肉膏1.65g、蛋白胨5.5g、NaCl 2.75g、琼脂10g、无菌水550mL（具体见附录二）。

（2）熔化。按上述顺序将材料分别放到一大烧杯中混合加热至其熔化。

（3）调节pH值。待琼脂熔化后，调节溶液pH值至7.0~7.2。

（4）转移灭菌。将溶液从烧杯中转移至锥形瓶中，塞上棉塞加牛皮纸包裹后同洗净的培养皿和放有棉塞的试管一同放入高压灭菌锅里，灭菌20min左右（121℃）。

（5）接种。最后，将锥形瓶中溶液在酒精灯火焰旁，转移至灭菌后的培养皿中，等待其冷却固定后便可接种。

2. 微生物的获取和接种

（1）分梯度制作空气培养基。取3个无菌培养基分别标号3-3-空气-5′-1-37°，3-3-空气-5′-2-37°，3-3-空气-5′-3-28°，同时开盖放置5min后盖上盖子，另取3个无菌培养基分别标号3-3-空气-10′-1-37°，3-3-空气-10′-2-37°，3-3-空气-10′-3-28°，同时开盖放置10min后盖上盖子。

（2）对比接种手上的微生物。取一个无菌培养基，在火焰旁无菌区内，使用灭菌处理后的棉棒沾一下未洗手之前的手，然后再接种到刚取出的无菌培养基上。之后分别使用同样的方法，制作另外两个手微生物的培养基，3个培养基分别标号为：3-3-手-前-1-37°，3-3-手-前-2-37°，3-3-手-前-3-28°。然后将手用去污粉洗净，并使用同样的方法，用无菌棒获取手上同位置的微生物，分别标号为：3-3-手-后-1-37°，3-3-手-后-2-37°，3-3-手-后-3-28°。

（3）接种环境中的微生物。使用同样的方法用无菌棉棒获取实验台桌面、钱、衣服、手机上的微生物，分别标号为：3-3-桌-1-37°，3-3-桌-2-37°，3-3-桌-3-28°，3-3-钱-37°，3-3-衣服-37°，3-3-手机-37°。

3. 微生物的培养

将标号为37°的培养基放入37℃培养箱中培养，标号为28的培养基放入28℃培养箱中培养。

4. 微生物的观察

（1）对单个细菌的菌落进行描述，应该对菌落的大小（大、中、小），干湿（干、湿），颜色，形态（规则、不规则），边缘（整齐、不整齐），表面（光滑、粗糙、有无突起）等分别进行阐述并详细记录。

（2）在不同的培养条件下对菌落的数量及接种类型进行比较，找出不同培养条件下的相似菌，并对相似菌进行描述。

5. 微生物的分离与纯化

挑选培养基中的典型微生物，进行分离与纯化。左手持接种的培养基，右手持接种环，将接种环在火焰上进行灼烧灭菌，待其冷却后，打开培养基的盖子，在火焰旁将接种环轻轻插入培养基中，挑取所要接种的微生物，然后另取一个无菌培养基，将接种环插入作分区划线。然后盖上盖子，放置于桌面上。按照同样的方法，制作该微生物的分离培养基 10 个，以及另一典型微生物的分离培养基 10 个并标号。将 20 个培养基均放入恒温培养箱中，在 37℃条件下恒温培养两天左右，即可进行观察。

五、注意事项

（1）在使用高压蒸汽灭菌锅灭菌时，灭菌锅内的冷空气的排除是否非常重要，因为空气的膨胀压大于水蒸气的膨胀压。所以，当水蒸气中含有空气时，在同一个压力下，含空气蒸汽的温度低于饱和蒸汽的温度。

（2）在分区划线时，每次划线前要灼烧接种环，以杀灭环上留下的菌液。

六、实验报告

实验报告见表 2-1～表 2-3。

表 2-1 实验室环境和人体表面微生物恒温培养结果描述统计表

描述			

表 2-2 实验室环境和人体表面微生物恒温培养结果比较统计表

来源	数量（总数）	种类	记录人

表 2-3　实验室环境和人体表面微生物恒温培养结果相似菌统计表

样品来源 A	菌落数	样品来源 B	菌落数	特　征					
				大小	颜色	干湿	形态	边缘	表面

七、思考题

（1）比较各种来源的样品，哪一种菌落数和菌落类型最多，为什么？

（2）比较洗手前后菌落的变化，谈谈你的体会。洗手后仍有少量细菌生长，你认为是什么原因？

（3）培养基配好后，为什么必须立即灭菌，如何检查灭菌后的培养基是否为无菌的？

（4）在配制培养基的操作过程中应注意哪些问题，为什么？

实验二　普通光学显微镜的使用和细菌形态观察

一、实验目的

（1）了解普通光学显微镜的构造和原理。

（2）学习并掌握普通光学显微镜——油镜的使用方法。

（3）利用油镜观察细菌的形态和构造。

二、实验原理

微生物学研究用的普通光学显微镜通常有低倍物镜（16mm，10×）、高倍物镜（4mm，40~45×）和油镜（1.8mm，95~100×）三种。油镜常标有黑圈或红圈（或白圈），它是三者中放大倍数最大的。

使用油镜时，油镜与其他物镜的不同点是载玻片与接物镜之间，不是隔一层空气，而是隔一层油质，称为油浸系。这种油常选用香柏油，因香柏油的折射率 $n=1.52$，与玻璃基本相同。当光线通过载玻片后，可直接通过香柏油进入物镜而不发生折射。如果玻片与物镜之间的介质为空气，则称为干燥系；当光线通过玻片后，受到折射发生散射现象，进入物镜的光线显然减少，这样视野的照明度就降低了（图 2-1）。

利用油镜不但能增加照明度，更主要的是能增加数值口径。因为显微镜的放大效能是由其数值孔径决定的。所谓数值孔径，即光线投射到物镜上的最大角度（称镜口角）的一半正弦，乘上玻片与物镜间介质折射率所得的乘积，可用下列公式表示：

$$N \cdot A = n \cdot \sin\alpha$$

数值孔径的大小又是衡量一台显微镜分辨力强弱的依据；分辨力是指显微镜能辨别物体两点间最小距离的能力。

$$可分辨两点之间的最小距离 = \lambda/2NA = \lambda/2n \times \sin\alpha$$

式中　λ——所用光源波长；

α——物镜镜口角的半数，取决于物镜的直径和工作距离；

n——玻片与物镜间介质的折射率，空气（n=1.0）、水（n=1.33）、香柏油（n=1.52）、玻璃（n=1.52）等；$n \cdot \sin\alpha$：数值孔径（$N \cdot A$），是决定物镜性能的最重要指标。

由上述可知若 n 值 α 角越大则 NA 越大或光波波长越短，则显微镜的分辨力越大（图2-2）。

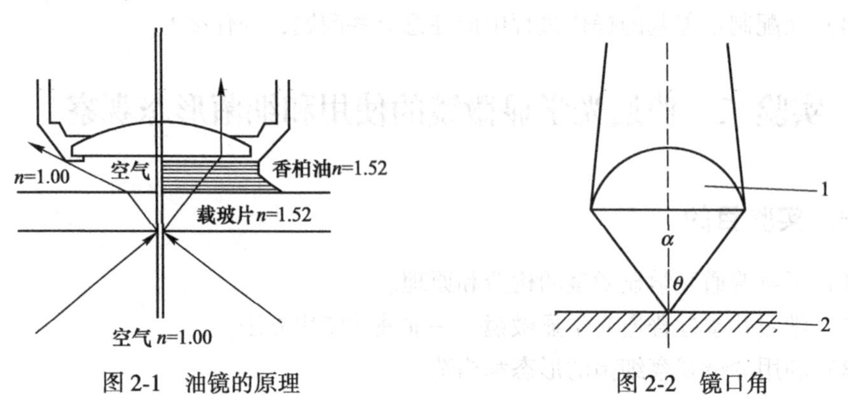

图2-1　油镜的原理　　图2-2　镜口角

三、实验器材

（1）仪器：显微镜。

（2）材料：标本片（大肠杆菌、葡萄球菌、链球菌、八叠球菌、炭菌杆菌的芽孢和荚膜、细菌三形涂片），香柏油，二甲苯，擦镜纸等。

四、实验步骤

（1）取镜：显微镜是光学精密仪器，使用时应特别小心。从镜箱中取出时，一只手握镜臂，一只手托镜座，放在实验台上。在使用时要特别小心。

使用前首先要熟悉显微镜的结构和性能，检查各部零件是否完全适用，镜身有无尘土，镜头是否清洁。做好必要的清洁和调整工作。（显微镜构造见图2-3）。

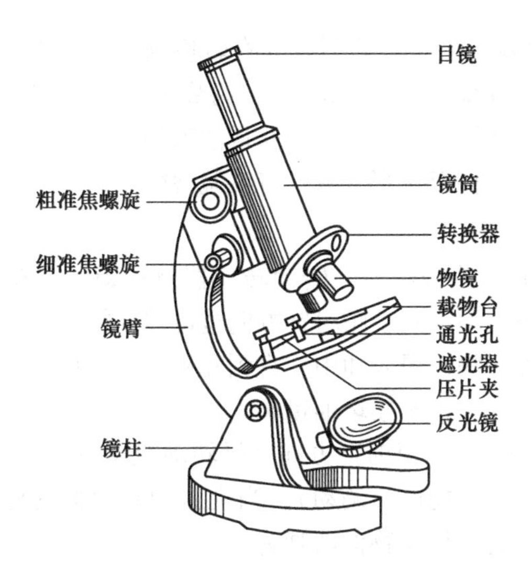

图 2-3　普通光学显微镜的构造

2. 调节光源

（1）将低倍物镜旋到镜筒下方，旋转粗调螺旋，使镜头和载物台的距离约为0.5cm左右。

（2）上升聚光器，使之与载物台表面相距1mm左右。

（3）左眼看目镜调节反光镜镜面角度（在天然的光线下观察，一般用平面反光镜；若以灯光为光源，则一般多用凹面反光镜）。开闭光圈，调节光线强弱，直至视野内得到最均匀、最适宜的照明为止。

一般染色标本油镜检查，光度宜强，可将光圈开大，聚光器上升到最高，反光镜调至最强；未染色标本，在低倍镜或高倍镜观察时，应适当地缩小光圈，下降聚光器，调节反光镜，使光度减弱，否则光线过强不易观察。

3. 低倍镜观察

低倍物镜（8×或10×）视野面广，焦点深度较深，为易于发现目标确定检查位置，故应先用低倍镜观察为宜。操作步骤如下：

（1）先将标本玻片置于载物台上（注意标本朝上），并将标本部位处于物镜的正下方、转动粗调螺旋，上升载物台使物镜至距标本约0.5cm处。

（2）左眼看目镜，同时反时针方向慢慢旋转粗调节螺旋使载物台缓慢上升，至视野内出现物像后，改用细调节螺旋，上下微微转动，仔细调节焦距和照明，直至视野内获得清晰的物像，及时确定需进一步观察的部位。

（3）移动推动器。将所要观察的部位置于视野中心，准备换高倍镜观察。

4. 高倍镜观察

将高倍物镜（40×）转至镜筒下方（在转换物镜时，要从侧面注视。以防低倍镜未对好焦距而造成镜头与玻片相撞），调节光圈和聚光镜，使光线亮度适中，再仔细反复转动微调螺旋，调节焦距，获得清晰物象，再移动推动器选择最满意的镜检部位将染色标本移至视野中央，待油镜观察。

5. 油镜观察

（1）用粗调螺旋下降载物台，转动转换器将油镜转至镜筒正下方。在标本镜检部位滴上一滴香柏油。右手顺时针方向慢慢转动粗调螺旋，上升载物台，并及时从侧面注视使油浸物镜浸入油中，直到几乎与标本接触时为止（注意切勿压到标本，以免压碎玻片，甚至损坏油镜头）。

（2）左眼看目镜，右手反时针方向微微转动粗调螺旋，下降载物台（注意：此时只准下降载物台，不能向上调动），当视野中有模糊的标本物像时，改用细调螺旋，并移动标本直至标本物像清晰为止。

如果向上转动粗调螺旋已使镜头离开油滴又尚未发现标本时，可重新按上述步骤操作直到看清物像为止。

（3）观察并绘图。

（4）观察完毕，下降载物台，取下标本片。先用擦镜纸擦去镜头上的油，然后再用擦镜纸沾少量二甲苯擦去镜头上残留油迹，最后再用擦镜纸擦去残留的二甲苯。切忌用手或其他纸擦镜头，以免损坏镜头，可用绸布擦净显微镜的金属部件。

（5）将各部分还原，反光镜垂直于镜座，将接物镜转成八字形，再向下旋。罩上镜套，然后放回镜箱中。

五、注意事项

（1）注意显微镜镜头的保护和保养。

（2）使用显微镜时应根据不同的物镜而调节光线。

六、实验报告

分别绘出油镜下观察到的葡萄球菌和大肠杆菌、细菌三形的形态图，并注明菌名与放大倍数。

七、思考题

（1）用油镜观察时应注意哪些问题，在载玻片和镜头之间滴什么油、起什么作用？

（2）影响显微镜分辨率的因素有哪些？

实验三 细菌的简单染色法

一、实验目的

(1) 学习微生物涂片、染色的基本技术，掌握细菌的简单染色法。

(2) 初步认识细菌的形态特征。

(3) 巩固显微镜（油镜）的使用方法和无菌操作技术。

二、实验原理

在对细菌进行显微镜观察时，由于其细胞小而透明，菌体和背景没有显著的明暗差，因而难以看清它们的形态和结构。所有用普通光学显微镜观察细菌时，往往要先对细菌进行染色，借助颜色的反衬作用，更清楚的观察细菌结构。

简单染色法是利用单一染料对细菌进行染色的一种方法。此法操作简便，适用于菌体一般形状和细菌排列的观察。

常用碱性染料进行简单染色，这是因为：在中性、碱性或弱酸性溶液中，细菌细胞通常带负电荷，而碱性染料在电离时，其分子的染色的部分带正电荷（酸性染料电离时，其分子的染色部分带正电荷），因此，碱性染料的染色部分很容易与细菌结合使细菌着色。经染色后的细菌细胞与背景形成鲜明的对比，在显微镜下更易于识别。常用作简单染色的染料有：美蓝、结晶紫、碱性复红等。

当细菌分解糖类产酸使培养基 pH 值下降时，细菌所带正电荷增加，此时可用伊红、酸性复红或刚果红等酸性染料染色。

三、实验器材

(1) 接种：枯草芽孢杆菌 12~18h 营养琼脂斜面培养物、藤黄微球菌约 24h 营养琼脂斜面培养物。

(2) 染色剂：吕氏碱性美蓝染液（或草酸按结晶紫染液）、齐氏石炭酸复红染液（配制方法见附录）。

(3) 仪器或其他用具：显微镜、酒精灯、载玻片、接种环、双层瓶（内装香柏油和二甲苯）、擦镜纸、生理盐水等。

四、实验步骤

1. 涂片

取两块载玻片，各滴 1 滴生理盐水与玻片中央，用接种环以无菌操作分别从枯草芽孢杆菌和藤黄微球菌斜面上挑取少许菌苔与水滴中，混匀并涂成薄膜。若用菌悬浊液（或液体培养物）涂片，可用接种环挑取2~3环直接涂在载玻片上。

2. 干燥

室温自然干燥。

3. 固定

涂面朝上，通过火焰2~3次。此操作过程称热固定，其目的是使细胞质凝固，以固定细胞形态，方便其牢固附着在载玻片上。

4. 染色

将玻片平放于玻片搁架上，滴加染液玻片上（染液刚好覆盖涂片薄膜为宜）。

5. 水洗

倒去染液，用自来水冲洗，直至涂片上流下的水无色为止。

水洗时，不要直接冲洗涂面，而应使水从载玻片的一端流下，水流不宜过急、过大，以免涂片薄膜脱落。

6. 干燥

自然干燥，或用电吹风吹干，也可用吸水纸吸干。

7. 镜检

涂片干后镜检。涂片必须完全干燥后才能用油镜观察。

五、注意事项

(1) 载玻片要清洁无油迹；滴生理盐水和取菌不宜过多；涂片要抹匀，不宜过厚。

(2) 固定温度不宜过高（以玻片背面不烫手为宜），否则会改变甚至破坏细胞形态。

(3) 吕氏碱性美蓝染液1~2min、齐氏石炭酸复红染液约1min。

(4) 冲洗时，不要直接冲洗涂面，而应使水从载玻片的一端流下。水流不宜过急、过大，以免涂片薄膜脱落。

六、实验报告

根据观察结果，绘出两种细菌的形态图。

七、思考题

(1) 制备细菌染色标本时应该注意哪些环节？

(2) 为什么要求制片完全干燥后才能用油镜观察？

(3) 如果涂片未经热固定，将会出现哪些问题？如果加热温度过高、时间太长，又会怎样？

实验四　革兰氏染色法

一、实验目的

(1) 理解革兰氏染色的原理。

(2) 学习并掌握革兰氏染色的方法。

(3) 熟悉油镜的使用方法。

二、实验原理

革兰氏染色法是指细菌学中广泛使用的一种重要的鉴别染色法，属于复染法。这种染色法是由丹麦医生革兰于1884年所发明，最初是用来鉴别肺炎球菌与克雷伯肺炎菌。革兰染色法一般包括初染、媒染、脱色、复染等四个步骤。未经染色的细菌，由于其与周围环境折光率差别甚小，故在显微镜下极难区别。经染色后，阳性菌呈紫色，阴性菌呈红色，可以清楚地观察到细菌的形态、排列及某些结构特征，从而用以分类鉴定。

染色原理：通过结晶紫初染和碘液媒染后，在细菌细胞壁内形成了不溶于水的结晶紫与碘的复合物，再用95%乙醇脱色。

通过结晶紫初染和碘液媒染后，在细胞壁内形成了不溶于水的结晶紫与碘的复合物，革兰氏阳性菌由于其细胞壁较厚、肽聚糖网层次较多且交联致密，故遇乙醇脱色处理时，因失水反而使网孔缩小，再加上它不含类脂，故乙醇处理不会出现缝隙，因此能把结晶紫与碘复合物牢牢留在壁内，使其仍呈紫色；而革兰氏阴性菌因其细胞壁薄、外膜层类脂含量高、肽聚糖层薄且交联度差，在遇脱色剂后，以类脂为主的外膜迅速溶解，薄而松散的肽聚糖网不能阻挡结晶紫与碘复合物的溶出，因此通过乙醇脱色后仍呈无色，再经沙黄等红色染料复染，就使革兰氏阴性菌呈红色。

三、实验器材

灭菌玻片、10~100μL移液器、10~100μL灭菌移液吸头、100~1000μL移液器、100~1000μL灭菌移液吸头、接种环、酒精灯、打火机、革兰氏染色液、吸水纸、显微镜、香柏油、擦镜纸、计时器、待测样品（葡萄球菌24h牛肉膏蛋白胨琼脂斜面培养物、大肠杆菌24h牛肉膏蛋白胨琼脂斜面培养物）。

四、实验步骤

(1) 涂片：用移液枪吸取10μL待检样品滴在载玻片的中央，用烧红冷却后的接种环将液滴涂布成一均匀的薄层，涂布面不宜过大。

(2) 干燥：将标本面向上，手持载玻片一端的两侧，小心地在酒精灯上高处微微加热，使水分蒸发，但切勿紧靠火焰或加热时间过长，以防标本烤枯而变形。

(3) 固定：固定常常利用高温，手持载玻片的一端，标本向上，在酒精灯火焰处尽快的来回通过2~3次，共约2~3s，并不时以载玻片背面加热触及皮肤，不觉过烫为宜（不超过60℃），放置待冷后，进行染色。

(4) 初染：在涂片薄膜上滴加草酸铵结晶紫1~2滴，使染色液覆盖涂片，染色约1min。

(5) 水洗：斜置载玻片，在自来水龙头下用小股水流冲洗，直至洗下的水呈无色为止。

(6) 媒染：用100~1000μL移液枪吸取约300μL碘液滴在涂片薄膜上，使染色液覆盖涂片，染色约1min。

(7) 水洗：斜置载玻片，在自来水龙头下用小股水流冲洗，直至洗下的水呈无色为止。

(8) 脱色：斜置载玻片，滴加95%乙醇脱色，至流出的乙醇不现紫色为止，大约需时20~30s，随即水洗。

(9) 复染：在涂片薄膜上滴加沙黄染液1~2滴，使染色液覆盖涂片，染色约1min。

(10) 水洗：斜置载玻片，在自来水龙头下用小股水流冲洗，直至洗下的水呈无色为止。

(11) 干燥、观察：用吸水纸吸掉水滴，待标本片干后置显微镜下，用低倍镜观察，发现目的物后滴一滴浸油在玻片上，用油镜观察细菌的形态及颜色，紫色的是革兰氏阳性菌，红色的是革兰氏阴性菌。

五、注意事项

(1) 第一步涂片时不宜过厚，以免脱色不完全造成假阳性；

(2) 第三步火焰固定不宜过热（以玻片不烫手为宜）；

(3) 加热时使用载玻片夹子及试管夹，以免烫伤；

(4) 使用染料时注意避免粘到衣物上；

(5) 使用乙醇脱色时不要靠近火焰；

(6) 第11步观察时常常以分散的细菌为准，过于密集的细菌，常常呈假阳性。

六、实验报告

(1) 绘出油镜下观察的混合区菌体图像。

（2）填表。

七、思考题

（1）革兰氏染色是否成功，有哪些问题需要注意，为什么？

（2）为什么用老龄菌进行革兰氏染色会造成假阳性？

（3）你认为革兰氏染色法中哪个步骤可以省略，在何种情况下可以省略？

（4）革兰氏染色时，初染色前可以加碘液吗？乙醇脱色后复染前，革兰氏阳性菌和革兰氏阴性菌应分别是什么颜色？

实验五　细菌的芽孢、荚膜和鞭毛染色法

一、实验目的

（1）学习并掌握芽孢、荚膜和荚膜染色法。

（2）初步了解芽孢杆菌的形态特征。

（3）观察细菌鞭毛的形态特征。

二、实验原理

芽孢又称内生孢子，是某些细菌生长到一定阶段在菌体内形成的休眠体，通常呈圆形或椭圆形。细菌能否形成芽孢以及芽孢的形状、芽孢在芽孢囊内的位置、芽孢囊是否膨大等特征是鉴定细菌的依据之一。

由于芽孢壁厚、透性低、不易着色，当用石炭酸复红、结晶紫等进行单染色时，菌体和芽孢囊着色，而芽孢囊内的芽孢不着色或仅显很淡的颜色，游高的芽孢呈红或淡蓝紫色的圆或椭圆形的圈。为了使芽孢着色便于观察，可用芽孢染色法。

芽孢染色法的基本原理是：用着色力强的染色剂孔雀绿或石炭酸复红，在加热条件下染色，使染料不仅进入菌体也可进入芽孢内，进入菌体的染料经水洗后被脱色，而芽孢一经着色难以被水洗脱，当用对比度大的复染剂染色后，芽孢仍保留初染剂的颜色，而菌体和芽孢囊被染成复染剂的颜色，使芽孢和菌体更易于区分。

荚膜是包围在细菌细胞外的一层黏液状或胶质状物质其成分为多糖糖蛋白或多肽，由于荚膜与染料的亲和力弱、不易者色；而且可溶于水，易在用水冲洗时被除去。所以通常用衬托染色法染色，使菌体和背景着色，而荚膜不着色，在菌体周围形成一透明圈。由于荚膜含水量高，制片时通常不用热固定，以免变形影响观察。

鞭毛是细菌的运动“器官”。细菌是否具有鞭毛，以及鞭毛着生的位置和数目是细菌的一项重要形态特征。细菌的鞭毛很纤细，其直径通常为0.01～0.02μm。所以，除了很少数能形成鞭毛束（由许多根鞭毛构成）的细菌可以用相差显微镜直接观察到鞭毛束的存在外，一般细菌的鞭毛均不能用光学显微镜直接观察到，而只能用电子显微镜观察。要用普通光学显微镜观察细菌的鞭毛，必须用鞭毛染色法。

鞭毛染色的基本原理，是在染色前先用媒染剂处理，使它沉积在鞭毛上，使鞭毛直径加粗，然后再进行染色。鞭毛染色方法很多，一般有硝酸银染色法和改良的 Leifson 氏染色法，前一种方法更容易掌握，但染色剂配制后保存期较短。

三、实验器材

（1）菌种：蜡样芽孢杆菌约2d营养琼脂斜面培养物、球形芽孢杆菌1～2d营养琼脂斜面培养物、褐球固氮菌或胶质芽孢杆菌约2天无氨培养基琼脂斜面培养物、苏云金芽孢杆菌、假单胞菌、金黄色葡萄球菌。

（2）染色剂：5%孔雀绿水溶液、0.5%番红水溶液、绘图墨水（必要时用滤纸过滤后使用）、1%甲基紫水溶液、1%结晶紫水溶液、6%葡萄糖水溶液，20%硫酸铜水溶液、甲醇、硝酸银鞭毛染色液、Leifson 氏鞭毛染色液、0.01%美蓝水溶液。

（3）仪器或其他用具：小试管、滴管、烧杯、试管架、载玻片、木夹子、载玻片、盖玻片、滤纸、凹载玻片、无菌水、凡士林、显微镜等。

四、实验步骤

（一）改良的 Schaffer Fulton 氏染色法（细菌的芽孢染色法）

1. 制备菌悬液

加2滴水于小试管中，用接种环挑取3环菌苔于试管中，搅拌均匀，制成浓的菌悬液。所用菌种应掌握菌龄，以大部分细菌已形成芽孢囊为宜，取菌不宜太少。

2. 染色

加孔雀绿染液3滴于小试管中，并使其与菌液混合均匀，然后将试管置于沸水浴的烧杯中，加热染色15～20min。

3. 涂片固定

用接种环挑取试管底部菌液数环于洁净载玻片上，涂成薄膜，然后将涂片通过火焰3次温热固定。

4. 脱色

水洗，直至流出的水无绿色为止。

5. 复染

用番红染液染色2~3min，倾去染液并用滤纸吸干残液。

6. 镜检

干燥后用油镜观察，芽孢呈绿色，芽孢囊及营养体为红色。

（二）荚膜染色法

1. 湿墨水法

（1）制备菌和墨水混合液。加一滴墨水于洁净的载玻片上，然后挑取少量菌体与其混合均匀。

（2）加盖玻片。将一洁净盖玻片盖在混合液上，然后在盖玻片上放一张滤纸，轻轻按压以吸去多余的混合液。

注意：加盖玻片时勿留气泡，以免影响观察。

（3）镜检。用低倍镜和高倍镜观察，若用相差显微镜观察，效果更好。

注意：背景灰色，菌体较暗，在菌体周围呈现明亮的透明圈即为荚膜。

2. 干墨水法

（1）制混合液。加一滴6%葡萄糖液于清净载玻片的一端，然后挑取少量菌体与其混合，再加一环墨水充分混匀。

注意：玻片必须洁净无油迹，否则，涂片时混合液不能均匀散开。

（2）涂片。另取一端边缘光滑的载玻片作推片，将推片一端的边缘置于混合液前方，然后稍向后拉，当推片与混合液接触后，轻轻左右移动，使之沿推片接触的后缘散开，而后以大约30°角迅速将混合液推向玻片另一端，使混合液铺成薄层。

（3）干燥。空气中自然干燥。

（4）固定。用甲醇浸没涂片固定1min，倾去甲醇。

（5）干燥。在酒精灯上方用文火干燥。

（6）染色。用甲基紫染1~2min。

（7）水洗。用自来水轻轻冲洗，自然干燥。

（8）镜检。用低倍镜和高倍镜观察。

注意：背景灰色，菌体紫色，菌体周围的清晰透明圈为荚膜。

3. Anthony 氏法

（1）涂片。按常规取菌涂片。

（2）固定。空气中自然干燥，不可加热干燥固定。

（3）染色。用1%的结晶紫水溶液染色2min。

(4) 脱色。以20%的硫酸铜水溶液冲洗，用吸水纸吸干残液。

(5) 镜检。干后用油镜观察。

注意：菌体染成深紫色，菌体周围的荚膜呈淡紫色。

(三) 鞭毛染色

硝酸银染色法

(1) 菌种的准备：要求用活跃生长期菌种作鞭毛染色。对于冰箱保存的菌种，通常要连续移种1~2次，然后可选用下列方法接种培养作染色用菌种：

1) 取新配制的营养琼脂斜面（表面较湿润，基部有冷凝水）接种，28~32℃培养10~14h，取斜面和冷凝水交接处培养物作染色观察材料；

2) 取新制备的营养琼脂（含0.8%~1.0%的琼脂）平板，用接种环将新鲜菌种点种于平板中央，28~32℃培养18~30h，让菌种扩散生长，取菌落边缘的菌苔（不要取菌落中央的菌苔）作染色观察的菌种材料。

注意：良好的培养物，是鞭毛染色成功的基本条件。不宜用已形成芽孢或衰亡期培养物作鞭毛染色的菌种材料，因为老龄细菌鲍毛容易脱落。

(2) 载玻片的准备：将载玻片在含适量洗衣粉的水中煮沸约20min，取出用清水充分洗净，沥干水后置95%乙醇中，用时取出在火焰上烧去酒精及可能残留的油迹。

注意：玻片要求光滑清净，尤其不用带油迹的玻片（将水滴在玻片上，无油迹玻片水能均匀撇开）。

(3) 菌液的制备：取斜面或平板菌种培养物数环于盛有1~2mL无菌水的试管中，制成轻度混浊的菌悬液用于制片。也可用培养物直接制片，但效果往往不如先制备菌液。

注意：挑菌时，尽可能不带培养基。

(4) 制片：取一滴菌液于载玻片的一端。然后将玻片倾斜，使菌液缓缓流向另一端，用吸水纸吸去玻片下端多余菌液，室温（或37℃温室）自然干燥。

注意：干后应尽快染色不宜放时间过长。

(5) 染色涂片：干燥后，滴加硝酸银染色A液覆盖3~5min，用蒸馏水充分洗去A液。用B液冲去残水后，再加B液覆盖涂片染色约数秒至1min，当涂面出现明显褐色时，立即用蒸馏水冲洗。若加B液后显色较慢，可用微火加热，直至显褐色时立即水洗，自然干燥。

注意：配制合格的染色剂（尤其是B液）、洗去A液再加B液掌握好B液的染色时间均是鞭毛染色成败的重要环节。

(6) 镜检：干后用油镜观察。观察时，可从玻片的一端逐渐移至另一端，有时只在涂片的一定部位观察到鞭毛。

注意：菌体呈深褐色，鞭毛显褐色通常呈波浪形。

五、实验报告

（1）绘图表示两种芽孢杆菌的形态特征（注意芽孢的形状着生位置及芽孢囊的形状特征）。

（2）绘图说明你所观察到的细菌的菌体和荚膜的形态。

（3）你所观察的 3 种细菌是否都有鞭毛？

（4）绘图表示有鞭毛细菌的形态特征。

六、思考题

（1）说明芽孢染色法的原理。用简单染色法能否观察到细菌的芽孢？

（2）若涂片中观察到的只是大量游离芽孢，很少看到芽孢囊及营养细胞，你认为这是什么原因？

（3）通过荚膜染色法染色后，为什么被包在荚膜里面的菌体着色而荚膜不着色？

（4）用鞭毛染色法准确鉴定一株细菌是否具有鞭毛，要注意哪些环节？

实验六　微生物拟核的体内和体外染色观察

一、实验目的

（1）学习并掌握用富尔根氏染色法进行体内观察微生物拟核的原理和方法。

（2）初步了解和掌握提取细菌染色体 DNA，及其体外观察的方法。

二、实验原理

富尔根氏（Feulgen）染色法是根据席夫氏（Schiff）的试剂进行的反应而建立的微生物拟核染色法。席夫氏试剂含有碱性复红和亚硫酸，碱性复红与亚硫酸结合后，失去醌式结构而变为无色，当 DNA 经酸作用而生成的醛化合物与席夫氏试剂结合后，使醌式结构恢复，合成一种带紫红色的碱性复红衍生物。此染色法对 DNA 具有特异性，微生物细胞用此法染色后，可在普通光学显微镜下原位观察到细胞内拟核的形态和位置。富尔根氏染色法主要分两步：

（1）将细胞用 1mol/L，HCL 温和水解，使 DNA 中的嘌呤碱与戊糖分开，放出戊糖的醛基；

(2) 放出的戊糖醛基与席夫氏试剂作用后呈紫红色。

如果将微生物细胞裂解，使其拟核（即染色体 DNA）被抽提出来，通过溴化乙锭染色并进行琼脂特凝胶电泳，便可观察到释放到细胞外的染色体 DNA。EB 是一种扁平分子染料，可特异性插入 DNA 碱基对之间，在紫外线照射下，使 DNA 呈现荧光，因而可观察到凝胶中的染色体 DNA，由于在提取过程中大分子染色体 DNA 的随机断裂，所以经凝胶电泳后形成的是一条不整齐的浓的荧光带。用 EB 染色法进行的体外观察染色体 DNA 也分两步进行：

(1) 将细胞裂解后抽提染色体 DNA；

(2) 通过含有 EB 的琼脂精凝胶电泳在紫外光下观察染色体 DNA 荧光棒。

三、实验器材

(1) 菌种：酿酒酵母、大肠杆菌。

(2) 溶液或试剂：1mol/L HCl、2%锇酸、Schandiun 固定液，亚硫酸水溶液、席夫氏试剂、TE 缓冲液、10%SDS、蛋白酶 K（20mg/mL）、5mol/L NaCl、CTAB/NACL、酚/氯仿/异戊醇（25∶24∶1）、异丙醇、70%乙醇、溴酚蓝加样缓冲液、TAE 电泳缓冲液。

(3) 仪器或其他用具：台式高速离心机、5mL 塑料离心管、真空干燥器、锇酸蒸汽瓶等。

四、实验步骤

1. 富尔根氏染色法

(1) 取培养 8~10h 的酿酒酵母涂片，室温下风干；

(2) 将涂片置于盛有 2%锇酸的蒸汽瓶口上，用锇酸蒸汽固定 5min，然后放入加热至 60℃的 Schandiun 固定液中 10min；

(3) 用水冲洗固定后的标本，然后放在 60℃ 1mol/L HCL 中水解 8min，水洗；

(4) 用席夫氏试剂作用 30~40min；

(5) 由席夫氏试剂中取出放在亚硫酸水溶液中洗 5min；

(6) 由亚硫酸水溶液中取出水洗，干燥后，用油镜观察。

2. DNA 的抽提和溴化乙锭染色

(1) 取 4.5mL 大肠杆菌过夜培养液于 5mL 塑料离心管中；12000r/min 离心 2min，弃上清；

(2) 将细胞沉淀悬浮于 1.7mL TE 缓冲液中。加入 10% SDS 90μL 和 20mg/mL 的蛋白酶 K 9μL，混匀，37℃保温 1h；

(3) 加入 5mol/L NaCL 300μL，充分混匀，再加入 240μL CTAB/NACL，混

匀，置65℃水浴10min；

(4) 加入等体积的酚/氯仿/异戊醇（25：24：1）混匀，12000r/min离心5min；

(5) 将上清水相转入另一洁净的塑料离心管中，加0.6倍体积的异丙醇使DNA沉淀下来；

(6) 快速离心数秒，弃上清，用70%的乙醇淋洗DNA 2次，将DNA沉淀经真空干燥后溶于300μL TE缓冲液中；

(7) 取少量（约3~5μL）提取的DNA样品（其余置于-20℃保存），加入3μL溴酚蓝加样缓冲液，混匀后上样进行琼脂糖凝胶电泳1~2h；

(8) 戴上一次性塑料手套（EB是强诱变剂）将凝胶取出置于紫外分析仪上观察染色体DNA荧光带。

五、注意事项

(1) 第六步注意用此法获得的染色体DNA可用于限制性酶切等分子生物学操作；

(2) 第七步注意琼脂糖中加有EB。在电泳过程中，EB将插入DNA分子中。

六、实验报告

根据自己的实验结果，绘图表示细胞内核的形态和位置。

七、思考题

(1) 大肠杆菌细胞内的染色体是环形的还是线形的？你从凝胶上观察到的体外染色体DNA应是环形的还是线形的，为什么？

(2) 凝胶上显现的染色体DNA带为什么是不整齐的？

实验七 放线菌和真菌形态的观察

一、实验目的

(1) 学习并掌握观察放线菌形态的基本方法。

(2) 初步了解放线菌的形态特征。

二、实验原理

放线菌是指能形成分枝丝状体或菌丝体的一类革兰氏阳性细菌，常见放线菌大多能形成菌丝体，紧贴培养基表面或深入培养基内生长的叫基内菌丝（简称

“基丝”），基丝生长到一定阶段还能像空气中生长出气生菌丝（简称“气丝”），并进一步分化产生孢子丝及孢子。有的放线菌只产生基丝而无气丝。在显微镜下直接观察时，气处在上层、基丝在下层，气丝色暗，基丝较透明。孢子丝依种类的不同，有直、波曲、各种螺旋形或轮生。在油镜下观察，放线菌的孢子有球形、椭圆、杆状或柱状。能否产生菌丝体，及由菌丝体分化产生的各种形态特征是放线菌分类鉴定的重要依据。为了观察放线菌的形态特征，人们设计了各种培养和观察方法，这些方法的主要目的是为了尽可能保持放线菌自然生长状态下的形态特征。下面介绍其中几种常用方法。

插片法：将放线菌接种在琼脂平板上，插上灭菌盖玻片后培养，使放线菌菌丝沿着培养基表面与盖玻片的交接处生长而附着在盖玻上。观察时，轻轻取出盖玻片，置于载玻片上直接镜检。这种方法可观察到放线菌自然生长状态下的特征，而且便于观察不同生长期的形态。

玻璃纸法：玻璃纸是种透明的半透膜，将灭菌的玻璃纸覆盖在琼脂平板表面，然后将放线菌接种于玻璃纸上，经培养，放线菌在玻璃纸上生长形成菌苔。观察时，揭下玻璃纸，固定在载玻片上直接镜检。这种方法既能保持放线菌的自然生长状态，也便于观察不同生长期的形态特征。

印片法：将要观察的放线菌的菌落或菌谷，先印在载玻片上，经染色后观察。这种方法主要用于观察孢子丝的形态，孢子的排列及其形状等。方法简便，但形态特征可能有所改变。

三、实验器材

（1）菌种：细黄链霉菌或青色链霉菌、弗氏链霉菌；

（2）培养基：灭菌的高氏1号琼脂；

（3）仪器或其他用具：经灭菌的平面皿、玻璃纸、盖玻片、玻璃涂棒，以及载玻片、接种环、接种铲、镊子、石炭酸复红染液、显微镜等。

四、实验步骤

1. 插片法

（1）倒平板：取融化并冷至大约50℃的高氏1号琼脂约20mL倒在平板上，凝固待用；

（2）接种：用接种环挑取菌种斜面培养物（孢子）在琼脂平板上划线接种；

（3）插片：以无菌操作用镊子将灭菌的盖玻片以大约45°角插入琼脂内（插在接种线上），插片数量可根据需要而定；

（4）培养：将插片平板倒置，28℃培养，培养时间根据观察的目的而定，通常为3~5d；

(5) 镜检：用镊子小心拔出盖玻片，擦去背面培养物，然后将有菌的一面朝上放在载玻片上，直接镜检。

2. 玻璃纸法

(1) 倒平板：同插片法。

(2) 铺玻璃纸：以无菌操作用镊子将已灭菌（155~160℃干热灭菌2h）的玻璃纸片（似盖玻片大小）铺在培养基琼脂表面，用无菌玻璃涂棒（或接种环）将玻璃纸压平，使其紧贴在琼脂表面，玻璃纸和琼脂之间不留气泡。每个平板可铺5~10块玻璃纸。也可用略小于平板的玻璃纸代替小纸片，但观察时需要再剪成小块。

(3) 接种：用接种环挑取菌种斜面培养物（孢子）在玻璃纸上划线接种。

(4) 培养：将平板倒里，28℃培养3~5d。

(5) 镜检：在洁净载玻片上加一小滴水，用摄子小心取下玻璃纸片，菌面朝上放在玻片的水滴上，使玻璃纸平贴在玻片上（中间勿留气泡），先用低倍镜观察，找到适当视野后换高倍镜观察。

操作过程，勿碰动玻璃纸面上的培养物。

3. 印片法

(1) 接种培养：用高氏1号琼脂平板，常规划线接种或点种，28℃培养4~7d。也可用上述两种方法所使用的琼脂平板上的培养物，作为制片观察的材料。

(2) 印片：用接种铲或解剖刀将平板上的菌苔连同培养基切下一小块，菌面朝上放在一载玻片上。另取一洁净载玻片里火焰上微热后，盖在菌苔上。轻轻按压，以便培养物（气丝、孢子丝或孢子）枯附（“印”）在后一块载玻片的中央，有印迹的一面朝上，通过火焰2 ~3 次固定。

(3) 染色：用石炭酸复红覆盖印迹，染色约1min后水洗。

(4) 镜检：干后用油镜观察。

五、注意事项

(1) 观察时，宜用略暗光线；

(2) 先用低倍镜找到适合视野，再换高倍镜观察；

(3) 若要用油镜观察，需将有菌的一面朝下，并用胶片将盖玻片固定在载玻片上在观察；

(4) 看细菌形态的时候，要注意调节倍数显微镜的倍数以及光线，来看清一些特殊的结构；

(5) 取菌的时候要注意量一定要少，而且要涂开。否则，在视野里看到的菌都是重叠在一起的，看不清；

(6) 观察放线菌的基内菌丝和气生菌丝的时候要主要调节细准焦螺旋，细看。因为，它们的结构是立体的，不在一个平面。

六、实验报告

绘图说明你所观察到的放线菌的主要形态特征。

七、思考题

（1）试比较三种培养和观察放线菌方法的优缺点。

（2）玻璃纸培养和观察法是否还可用于其他类群微生物的培养和观察，为什么？

（3）镜检时，如何区分放线菌的基内菌丝和气生菌丝？

实验八 微生物大小的测定

一、实验目的

（1）了解显微镜测定微生物大小的原理。

（2）学习并掌握显微镜下测定微生物细胞大小的技术，包括目镜测微尺。镜台测微尺的校正技术与测定细胞大小的技术。

二、实验原理

微生物细胞大小，是微生物的形态特征之一，也是分类鉴定的依据之一。由于菌体很小，只能在显微镜下测量。用来测量微生物细胞大小的工具有目镜测微尺（图 2-4）和镜台测微尺（图 2-5）。

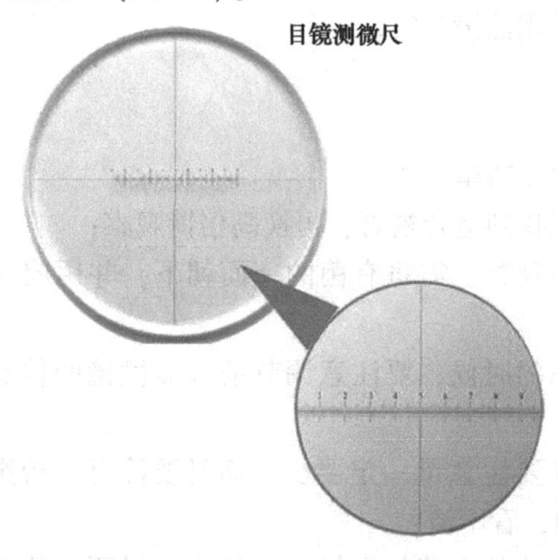

图 2-4 目镜测微尺

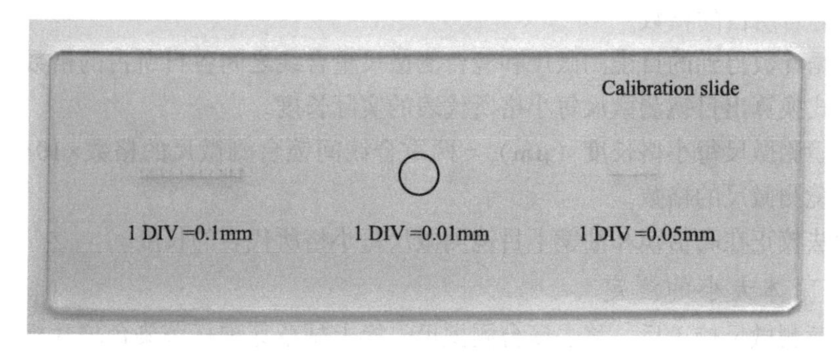

图 2-5　镜台测微尺

镜台测微尺（图 2-5）是中央部分刻有精确等分线的载玻片。一般将 1mm 等分为 100 格（或 2mm 等分为 200 格），每格长度等于 0. 01mm（即 10μm）。是专用于校正目镜测微尺每格长度的。

目镜测微尺（图 2-4）是一块可放在接目镜内的隔板上的圆形小玻片，其玻片中央刻有精确的刻度，有把 5mm 长度等分 50 小格或把 10mm 长度等分 100 小格两种，每 5 小格间有一长线相隔。由于所用接目镜放大倍数和接物镜放大倍数的不同，目镜测微尺每小格所代表的实际长度也就不同。因此，目镜测微尺不能直接用来测量微生物的大小，在使用前必须用镜台测微尺进行校正，以求得在一定放大倍数的接目镜和接物镜下该目镜测微尺每小格的相对值，然后才可用来测量微生物的大小。

三、实验器材

（1）标片：枯草芽孢杆菌染色玻片标本。

（2）仪器或其他用具：目镜测微尺、镜台测微尺、显微镜、擦镜纸、香柏油等。

四、实验步骤

1. 目镜测微尺的校正

（1）放置目镜测微尺：取出接目镜，旋开接目镜透镜，将目镜测微尺的刻度朝下放在接目镜筒内的隔板上，然后旋上接目透镜，最后将此接目镜插入镜筒内。

（2）放置镜台测微尺：将镜台测微尺置于显微镜的载物台上，使刻度面朝上。

（3）校正目镜测微尺：先用低倍镜观察，对准焦距，当看清镜台测微尺后，转动接目镜，使目镜测微尺的刻度与镜台测微尺的刻度平行，移动推动器，使目镜测微尺和镜台测微尺的某一区间的两对刻度线完全重合，然后计数出两对重合线之间各自所占的格数。

根据计数得到的目镜测微尺和镜台测微尺重合线之间各自所占的格数，通过如下公式换算出目镜测微尺每小格所代表的实际长度。

目镜测微尺每小格长度（μm）= 两重合线间镜台测微尺的格数×10/两重合线间目镜测微尺的格数。

同法校正在高倍镜和油镜下目镜测微尺每小格所代表的长度。

2. 菌体大小的测定

目镜测微尺校正后，移去镜台测微尺，换上枯草芽孢杆菌染色玻片标本，校正焦距使菌体清晰，转动目镜测微尺（或转动染色标本），测出枯草芽孢杆菌的长和宽各占几小格，将测得的格数乘以目镜测微尺每小格所代表的长度，即可换算出此单个菌体的大小值，在同一涂片上需测定10~20个菌体，求出其平均值，才能代表该菌的大小，而且一般是用对数生长期的菌体来进行测定。

3. 用后收藏

取出目镜测微尺，将接目镜放回镜筒，再将目镜测微尺和镜台测微尺分别用擦镜纸擦拭后，放回盒内保存。

五、注意事项

测量菌体大小时要在同一个标本片上测定至少3个大小相近的菌体，求出平均值，才能代表该菌的大小，而且一般是用对数生长期的菌体进行菌体测定。

六、实验报告

将目镜测微尺校正结果、测量枯草芽孢杆菌大小结果填入下表2-4、表2-5。

表2-4　目镜测微尺校正结果

接物镜	接物镜倍数	目镜测微尺	镜台测微尺格数	目镜测微尺每格代表的长度/μm
低倍镜				
高倍镜				
油镜				

表2-5　在高倍镜下测量枯草芽孢杆菌大小结果

菌体编号	长		宽		菌体大小（平均值）长×宽/μm×μm
	目镜测微尺格数	菌体长度/μm	目镜测微尺格数	菌体宽度/μm	
1					

续表 2-5

菌体编号	长		宽		菌体大小（平均值）长×宽/μm×μm
	目镜测微尺格数	菌体长度/μm	目镜测微尺格数	菌体宽度/μm	
2					
3					
4					
5					
6					
7					
8					
9					
10					

七、思考题

为什么更换不同放大倍数的目镜和物镜时必须重新用镜台测微尺对目镜测微尺进行标定？

实验九　酵母菌的形态观察及死活细胞的鉴别

一、实验目的

（1）进一步学习并掌握光学显微镜低倍镜和高倍镜的使用方法。

（2）观察并掌握酵母菌的细胞形态及其子囊孢子和假菌丝的形态。

（3）学习并掌握鉴别酵母菌细胞死活的方法。

（4）了解酵母菌子囊孢子的染色方法及假菌丝观察的压片培养法。

二、实验原理

酵母菌是不运动的单细胞真核微生物，其大小通常比常见的细菌大几倍甚至几十倍。因此，不必染色即可用显微镜观察其形态。大多数酵母以出芽方式进行无性繁殖，有的二分裂殖；子囊菌纲中的酵母菌在一定条件下，可产生子囊孢子进行有性生殖。酵母菌假菌丝的生成与培养基的种类、培养条件等因素有关。

美蓝是一种弱氧化剂，氧化态呈蓝色，还原态呈无色。用美蓝对酵母细胞进行染色时，活细胞由于细胞的新陈代谢作用，细胞内具有较强的还原能力，能将美蓝由蓝色的氧化态转变为无色的还原态型，从而细胞呈无色；而死细胞或代谢作用微弱的衰老细胞则由于细胞内还原力较弱而不具备这种能力，从而细胞呈蓝色，据此可对酵母菌的细胞死活进行鉴别。

三、实验器材

（1）菌种：酿酒酵母、热带假丝酵母、粟酒裂殖酵母。

（2）染色液：0.1%美蓝染色液、孔雀绿染色液、沙黄染色液、95%乙醇等

（3）其他：显微镜、载玻片、盖玻片、擦镜纸、吸水纸等。

四、实验步骤

1. 水浸片观察

（1）制片：在干净的载玻片中央加一滴预先稀释至适宜浓度的酵母液体培养物，从侧面盖上一片盖玻片（先将盖玻片一边与菌液接触，然后慢慢将盖玻片放下，使其盖在菌液上），应避免产生气泡，并用吸水纸吸去多余的水分（菌液不宜过多或过少。否则，在盖盖玻片时，菌液会溢出或出现气泡而影响观察。盖玻片不宜平着放下，以免产生气泡）。

（2）镜检：将制作好的水浸片置于显微镜的载物台上，先用低倍镜，后用高倍镜进行观察，注意观察各种酵母的细胞形态和繁殖方式，并进行记录。

2. 美蓝染色

（1）染色：在干净的载玻片中央加一小滴0.1%美蓝染色液，然后再加一小滴预先稀释至适宜浓度的酿酒酵母液体培养物，混匀后从侧面盖上盖玻片，并吸去多余的水分和染色液（注意染色液和菌液不宜过多或过少，并应基本等量，而且要混匀）。

（2）镜检：将制好的染色片置于显微镜的载物台上，放置约3min后进行镜检，先用低倍镜，后用高倍镜进行观察，根据细胞颜色区分死细胞（蓝色）和活细胞（无色），并进行记录。

（3）比较：染色约30min后再次进行观察，注意死细胞数量是否增加。

3. 子囊孢子的染色与观察

（1）活化酵母：将酿酒酵母移种至新鲜的麦芽汁琼脂斜面上，培养24h，然后再转种2~3次。

（2）生孢培养：将经活化的菌种转移到醋酸钠培养基上，28℃培养7~10d。

（3）制片：在洁净载玻片的中央滴一小滴蒸馏水，用接种环于无菌条件下挑取少许菌苔至水滴上，涂布均匀，自然风干后在酒精灯火焰上热固定（水和菌均不要太多，涂布时应尽量涂开，否则将造成干燥时间长；热固定温度不宜太

高，以免使菌体变形)。

(4) 染色：滴加数滴孔雀绿染色液，1min 后水洗；加 95%乙醇脱色 30s，水洗；最后用 0.5%沙黄染色液复染 30s，水洗，最后用吸水纸吸干。

(5) 镜检：将染色片置于显微镜的载物台上，先用低倍镜，后用高倍镜进行观察，子囊孢子呈绿色，菌体和子囊呈粉红色。注意观察子囊孢子的数目、形状，并进行记录。

4. 假菌丝的观察

压片培养法：取新鲜的酵母菌在薄层马铃薯浸出汁琼脂培养基平板上划线接种 2~3 条，取无菌盖玻片盖在接种线上，于 25~28℃ 培养 4~5d 后，打开皿盖，置于显微镜下直接观察划线的两侧所形成的假菌丝的形状。

(1) 对所给的酵母菌进行形态的观察；

(2) 对死活酵母细胞进行美蓝染色鉴别。

五、实验报告

绘制各种酵母菌的细胞形态图，注明菌名与放大倍数。

六、思考题

用美蓝染色法对酵母细胞进行死活鉴别时，为什么要控制染液的浓度和染色时间？

第三章　微生物培养基的制备

实验十　牛肉膏蛋白胨培养基的制备与接种

一、实验目的

（1）学习制备培养基的基本技术。

（2）制备牛肉膏蛋白琼脂培养基。

（3）掌握微生物分离、接种操作步骤。

二、实验原理

牛肉膏蛋白培养基是一种应用最广泛和最普通的细菌培养基。这种培养基中含有一般细菌生长繁殖所需要的最基本的营养物质，可供作繁殖之用。制作固体培养基时须加2%琼脂，培养细菌时，应用稀酸或稀碱将pH值调至中性或微碱性。牛肉膏蛋白培养基的配方：牛肉膏0.5%，蛋白胨1%，NaCl 0.5%，pH值为7.4~7.6。

三、实验器材

（1）试剂：牛肉膏、蛋白胨、NaCl、琼脂、1mol/L NaOH、1mol/L HCl。

（2）其他：接种环、试管、三角烧瓶、烧杯、量筒、漏斗、乳胶管、弹簧夹、纱布、棉花、牛皮纸、线绳、pH试纸、电炉、台秤。

四、实验步骤

1. 称量

根据用量按比例依次称取成分，牛肉膏常用玻棒挑取，放在小烧杯或表面皿中称量，用热水溶化后倒入烧杯，蛋白胨易吸湿，称量时要迅速。

2. 溶解

在烧杯中加入少于所需要的水量，加热，逐一加入各成分，使其溶解，琼脂在溶液煮沸后加入，融化过程需不断搅拌。加热时应注意火力，勿使培养基烧焦或溢出。溶好后，补足所需水分。

3. 调 pH 值

用 1mol/L NaOH 或 1mol/L HCl 把 pH 值调至所需范围。

4. 过滤

趁热用滤纸或多层纱布过滤，以利于某些实验结果的观察，如无特殊要求时可省去此步骤。

5. 分装

按实验要求，可将配制的培养基分装入试管内或三解瓶内，分装装置（如图 3-1）；分装时注意，勿使培养基沾染在容器口上，以免沾染棉塞引起污染。

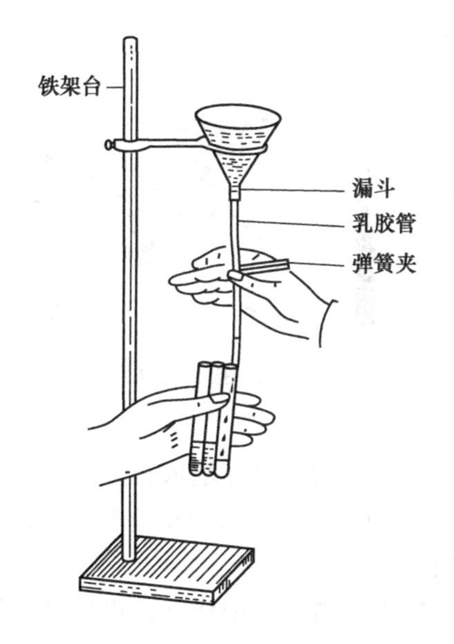

图 3-1　分装装置

（1）液体分装。分装高度以试管高度的 1/4 左右为宜，分装三角瓶的量则根据需要而定，一般以不超过三角瓶容积的 1/2 为宜。

（2）固体分装。分装试管，其装量不超过管高的 1/5，灭菌后制成斜面，斜面长度不超过管长的 1/2。分装三角瓶，以不超过容积的 1/2 为宜。

（3）半固体分装。装置以试管高度的 1/3 为宜，灭菌后垂直待凝。

6. 加棉塞

分装完毕后，在试管口或三角瓶口塞上棉塞（或泡沫塑料塞及试管帽等），以阻止外界微生物进入培养基而造成污染，并保证有良好的通气性能。

7. 包扎

棉塞头上包一层牛皮纸，扎紧，即可进行灭菌。

8. 保存

灭菌后的培养基放入37℃培养箱中培养24h，以检验灭菌的效果，无污染方可使用。

9. 接种和纯化

(1) 接种。

1) 检查接种工具。

2) 在欲接种的培养基试管或平板上贴好标签，标上接种的菌名、操作者、接种日期等。

3) 将培养基、接种工具和其他用品全部放在实验台上摆好，进行环境消毒。

(2) 接种方法（见图3-2）。

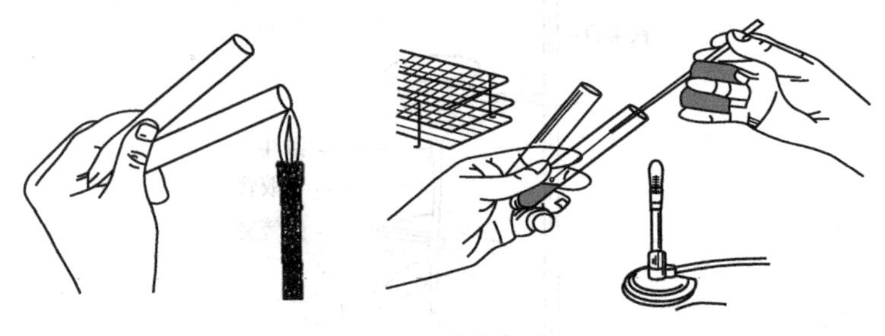

图3-2 接种方法

试管接种方法：

1) 将菌种试管与待接种的试管培养基依次排列，挟于左手的拇指与食指之间，用右手的中指与食指或食指与小指拔出棉塞并挟出。

2) 置试管口于酒精火焰附近。

3) 将接种工具垂直插入酒精火焰中烧红，再横过火焰三次，然后再放入有菌试管壁内，于无菌的培养基表面待其冷却。

4) 用接种工具取少许菌种置于另一支试管中，按一定的接种方式把菌种接种到新的培养基上。

5) 取出接种工具，试管口和棉塞进行火焰灭菌。

6) 重新塞上棉塞。

7) 烧死接种工具上残留余菌，把试管和接种工具放回原处。

试管菌种接到平板培养基的方法：

1) 左手持平板和试管菌种，右手松动试管棉塞，烧接种工具。

2) 右手小指与四指取下棉塞，取菌，打开平皿。

3) 将菌种接种到平皿上，立即盖上平皿。

4) 酒精灯火焰上烧接种工具灭菌。

5) 棉塞过火，重新塞上试管。

五、注意事项

（1）琼脂融化过程中，要控制火力并不断搅拌，以免沸腾溢出或琼脂糊底烧焦。
（2）不可用铜或铁锅加热溶化，以免离子进入培养基。
（3）调 pH 值以前，先补足水分。
（4）pH 值不要调过头，以免回调影响个离子浓度。
（5）配好培养基后要贴上标签，写清楚培养基类型、组别、配制时间。

六、实验报告

根据实验结果说明你配制培养基过程中的情况。

七、思考题

（1）培养基配制时应注意哪些问题，为什么？
（2）分装培养基时为什么要使用弹簧夹？
（3）培养基配好后，为什么要立即灭菌？

实验十一　高氏Ⅰ号培养基的制备

一、实验目的

通过对高氏Ⅰ号培养基的制备，掌握配制合成培养基的一般方法。

二、实验原理

高氏Ⅰ号培养基是用来培养和观察放线菌形态特征的合成培养基。如果加入适量的抗菌药物（如各种抗生素、酚等），则可用来分离各种放线菌。此合成培养基的主要特点是含有多种化学成分已知的无机盐，这些无机盐可能相互作用而产生沉淀，如高氏Ⅰ号培养基中的磷酸盐和镁盐相互混合时易产生沉淀。因此，在混合培养基成分时，一般是按配方的顺序依次溶解各成分，甚至有时还需要将两种或多种成分分别灭菌，使用时再按比例混合。此外，合成培养基有的还要补加微量元素，如高氏Ⅰ号培养基中的 $FeSO_4 \cdot 7H_2O$ 的量只有 0.001%，因此在配制培养基时，需预先配成高浓度的 $FeSO_4 \cdot 7H_2O$ 储备液，然后再按需加入一定的量到培养基中。

三、实验器材

试剂：可溶性淀粉，KNO_3、NaCl、$K_2HPO_4 \cdot 3H_2O$、$MgSO_4 \cdot 7H_2O$、$FeSO_4 \cdot$

$7H_2O$、琼脂、1mol/L NaOH、1mol/L HCl。

其他：试管、三角烧瓶、烧杯、量筒、玻棒、培养基分装器、天平、牛角匙、高压蒸汽灭菌锅、pH值试纸（pH值5.5~9.0）、棉花、牛皮纸、记号笔、麻绳或橡皮筋，纱布等。

四、实验步骤

1. 称量和溶化

按配方先称取可溶性淀粉放入小烧杯中，并用少量冷水将淀粉调成糊状，再加入少于所需水量的沸水中，继续加热，使可溶性淀粉完全溶化。然后再称取其他各成分依次逐一溶化。对微量成分 $FeSO_4 \cdot 7H_2O$ 可先配成高浓度的储备液按比例换算后再加入，方法是先在100mL水中加入1g的 $FeSO_4 \cdot 7H_2O$ 配成0.01g/mL，再在1000mL培养基中加1mL的0.01g/mL的贮备液即可。待所有药品完全溶解后，补充水分到所需的总体积。

2. pH值调节

在未调pH值前，先用精密pH值试纸测量培养基的原始pH值，如果偏酸，用滴管向培养基中逐滴加入1mol/L NaOH，边加边搅拌，并随时用pH值试纸测其pH值，直至pH值达7.6。反之，用1mol/L HCl进行调节。

对于有些要求pH值较精确的微生物，其pH值的调节可用酸度计进行。

3. 分装

按实验要求，可将配制的培养基分装入试管内或三角烧瓶内。

（1）液体分装。分装高度以试管高度的1/4左右为宜，分装三角瓶的量则根据需要而定，一般以不超过三角瓶容积的1/2为宜。

（2）固体分装。分装试管，其装量不超过管高的1/5，灭菌后制成斜面，斜面长度不超过管长的1/2。分装三角瓶，以不超过容积的1/2为宜。

（3）半固体分装。装置以试管高度的1/3为宜，灭菌后垂直待凝。

4. 加塞

培养基分装完毕后，在试管口或三角烧瓶口上塞上棉塞，以阻止外界微生物进入培养基内而造成污染，并保证有良好的通气性能。

5. 包扎

加塞后，将全部试管用麻绳捆好，再在棉塞外包一层牛皮纸，以防止灭菌时冷凝水润湿棉塞，其外再用一道麻绳扎好，用记号笔注明培养基名称、组别、配制日期。三角烧瓶加塞后，外包牛皮纸，用麻绳以活结形式扎好，使用时容易解开，同样用记号笔注明培养基名称、组别、配制日期。

6. 灭菌

将上述培养基以 0.103MPa、121℃、20min 高压蒸汽灭菌。

7. 无菌检查

将灭菌培养基放入 37℃的温室中培养 24~48h，以检查灭菌是否彻底。

五、思考题

（1）配制合成培养基加入微量元素时最好用什么方法加入，天然培养基为什么不需要另加微量元素？

（2）有人认为自然环境中微生物是生长在不按比例的基质中，为什么在配制培养基时要注意各种营养成分的比例？

（3）你配制的高氏Ⅰ号培养基有沉淀产生吗？说明产生或未产生的原因。

（4）细菌能在高氏Ⅰ号培养基上生长吗？为了分离放线菌，你认为应该采取哪些措施？

实验十二　伊红美蓝培养基的制备

一、实验目的

通过学习对伊红美蓝培养基的制备，掌握配制合成培养基的一般方法。

二、实验原理

伊红美蓝培养基（eosin-methylene blue medium，简称 EMB medium），一般用于检测大肠杆菌。

伊红为酸性染料，美蓝为碱性染料。

当大肠杆菌分解乳糖产酸时细菌带正电荷被染成红色，再与美蓝结合形成紫黑色菌落，并带有绿色金属光泽。而产气杆菌则形成呈棕色的大菌落。

紫黑色菌落蛋白胨提供碳源和氮源；乳糖是大肠菌群可发酵的糖类；磷酸氢二钾是缓冲剂；琼脂是培养基凝固剂；伊红和美蓝是抑菌剂和 pH 指示剂，可抑制 G^+，在酸性条件下产生沉淀，形成或具黑色中心的外围无色透明的菌落。

三、实验器材

蛋白胨 10g，乳糖 10g，磷酸氢二钾 2g，琼脂 15g，蒸馏水 1000mL，2%伊红水溶液 20mL，0.5%美蓝水溶液 13mL。

四、实验步骤

（1）先将琼脂加至900mL蒸馏水，加热溶解。

（2）然后加入磷酸氢二钾及蛋白胨，混匀使之溶解，再以蒸馏水补足至1000mL，调整PH值为7.2~7.4。

（3）趁热用脱脂棉或绒布过滤，再加入乳糖，混匀后定量分装于烧瓶内，置高压蒸汽灭菌器内以115℃灭菌20min，储存于冷暗处备用。

（4）将蛋白胨、磷酸盐和琼脂溶解于蒸馏水中。

（5）校正pH值，分装于烧瓶内。

（6）121℃高压灭菌15min备用。

（7）临用时加入乳糖并加热溶化琼脂，冷至50~55℃。

（8）加入伊红和美蓝溶液，摇匀，倾注于平板上。

实验十三 Luria-Bertani培养基的制备

一、实验目的

通过学习对Luria-Bertani培养基的制备，掌握配制合成培养基的一般方法。

二、实验原理

LB一般被解释为Luria-Bertani。然而，根据其发明人贝尔塔尼（Giuseppe Bertani）的说法，这个名字来源于英语lysogeny broth，即溶菌肉汤。LB培养基是近年来用于培养基因工程受体菌（大肠杆菌）的常用培养基之一。

LB培养基是一种应用最广泛和最普通的细菌基础培养基，有时又称普通培养基，含有酵母提取物、胰化蛋白胨和NaCl。

酵母提取物：酵母经破壁后将其中蛋白质、核酸、维生素等抽提，再经生物酶解的富含小分子的氨基酸、肽、核苷酸、维生素等天然活性成分的淡黄色粉末，其中氨基酸含量30%以上，总蛋白50%以上，核苷酸10%以上，广泛用作生物培养基和食品调味品制造原料。

胰化蛋白胨：一种优质蛋白胨，是以新鲜牛肉和牛骨经胰酶消化，浓缩干燥而成的白色粉末，含有丰富的氮源、氨基酸等。

酵母提取物为微生物提供碳源、能量、磷酸盐、生长因子、维生素等；蛋白胨主要提供氮源；NaCl主要提供微生物生长环境（如渗透压），其次是提供无机盐。

三、实验器材

LB 培养基配方（每升）：酵母提取物 5g、胰化蛋白胨 10g、氯化钠 10g、NaOH 调 pH 值至 7.0，121℃、20min 高压灭菌。

LB 固体培养基：LB 培养基 1L、琼脂粉 15g、NaOH 调 pH 值至 7.0，121℃、20min 高压灭菌；有时需在培养基中添加抗生素，琼脂凝固点为 40℃，所以添加抗生素最好在 50~55℃。

四、实验步骤

LB 培养基配制方法：配制每升培养基，应该在 950mL 去液态 LB 培养基离子水中加入：胰化蛋白胨 10g，酵母提取物 5g，NaCl 10g，摇动容器直至溶质溶解。用 5mol/L NaOH 调 pH 值至 7.0。用去离子水定容至 1L。在 15psi 高压下蒸汽灭菌 20min。

LB 固体培养基 1L 和液体一样，加 15g 琼脂粉，一定要在温度降下之前加好抗固态 LB 培养基生素，并且倒好板。LB 固体培养基倒板配制：100mL LB 培养基加入 1.5g 琼脂粉。

抗生素的加入：高压灭菌后，将融化的 LB 固体培养基置于 55℃的水浴中，待培养基温度降到 55℃时（手可触摸）加入抗生素，以免温度过高导致抗生素失效，并充分摇匀。

倒板：一般 10mL 倒 1 个板子。培养基倒入培养皿后，打开盖子，在紫外下照 10~15min。

保存：用封口胶封边，并倒置放于 4℃保存，一个月内使用。

实验十四　西蒙氏柠檬酸盐培养基的制备

一、实验目的

通过学习对西蒙氏柠檬酸盐培养基的制备，握配制合成培养基的一般方法。

二、实验原理

氯化钠维持均衡的渗透压；镁离子是各种代谢中的辅因子；磷酸二氢铵提供氮源；磷酸氢二钾是缓冲剂；柠檬酸钠作为碳源；琼脂是培养基的凝固剂；溴麝香草酚兰为 pH 指示剂，酸性呈黄色，碱性呈蓝色。

当细菌可以利用铵盐作为唯一的氮源，同时利用柠檬酸盐作为唯一的碳源时，可在柠檬酸盐培养基上生长，分解柠檬酸钠，生成碳酸钠，使培养基产碱变蓝色。

三、实验器材

氯化钠 5.0g、硫酸镁（$MgSO_4 \cdot 7H_2O$）0.2g、磷酸二氢铵 1.0g、磷酸氢二钾 1.0g、柠檬酸钠 5.0g、琼脂 20g、0.2%溴麝香草酚蓝溶液 40mL、蒸馏水 1000mL，pH 值 6.8±0.2。

四、实验步骤

（1）先将盐类溶解于水内，pH 值调至 6.8±0.2，加入琼脂，加热溶化。
（2）然后加入指示剂，混合均匀后分装试管，121℃灭菌 15min。
（3）制成斜面备用。
（4）挑取少量琼脂培养物接种，于 36℃±1℃培养 4d，每天观察结果。
（5）阳性者斜面上有菌落生长，培养基从绿色转为蓝色。

第四章　微生物的培养

实验十五　土壤中微生物的分离与纯化

一、实验目的

（1）掌握倒平板的方法。

（2）了解几种常用的分离纯化微生物的基本操作技术。

（3）掌握细菌、放线菌、真菌稀释分离、划线分离技术。

二、实验原理

从混杂的微生物群体中获得只含有某一种或某一株微生物的过程称为微生物的分离与纯化。为了获得某种微生物的纯培养，一般是根据该微生物对营养、酸碱度、氧等条件要求不同，而供给它适宜的培养条件，或加入某种抑制剂造成只利于此菌生长，而抑制其他菌生长的环境，从而淘汰其他一些不需要的微生物，再用稀释涂布平板法或稀释混合平板法或平板划线分离法等分离、纯化该微生物，直至得到纯菌株。土壤是微生物生活的大本营，在这里生活的微生物无论是数量和种类都是极其多样的，因此，土壤是我们开发利用微生物资源的重要基地，可以从其中分离、纯化到许多有用的菌株。

要想获得某种微生物的纯培养，还需提供有利于该微生物生长繁殖的最适培养基及培养条件。

三、实验器材

（1）土样：采集校园土壤。

（2）培养基：肉膏蛋白胨培养基—细菌、高氏Ⅰ号培养基—放线菌、马丁氏培养基—真菌。

（3）试剂：10%酚溶液、链霉曲素。

（4）仪器：无菌的培养皿、盛 90mL 无菌水并带玻璃珠的三角瓶、盛 90mL 无菌水的试管、无菌移液管、无菌玻璃涂棒等。

四、实验步骤

1. 稀释涂布平板法

(1) 倒平板。将肉膏蛋白胨培养基、高氏Ⅰ号培养基、马丁氏培养基加热溶化，待冷却至55~60℃时，高氏Ⅰ号培养基中加入10%酚数滴，马丁氏培养基中加入链霉曲素溶液（终浓度为30μg/mL），混均匀后分别倒平板，每种培养基倒三皿。

倒平板的方法：右手持盛培养基的试管或三角瓶置火焰旁边，用左手将试管塞或瓶塞轻轻地拔出，试管或瓶口保持对着火焰；然后用右手手撑边缘或小指与无名指夹住管（瓶）塞。左手拿培养皿并将皿盖在火焰附加打开一缝，迅速倒入培养基约15mL（图4-1），加盖后轻轻摇动培养皿，使培养基均匀分布在培养皿底部，然后平置于桌面上，待凝后即为平板。

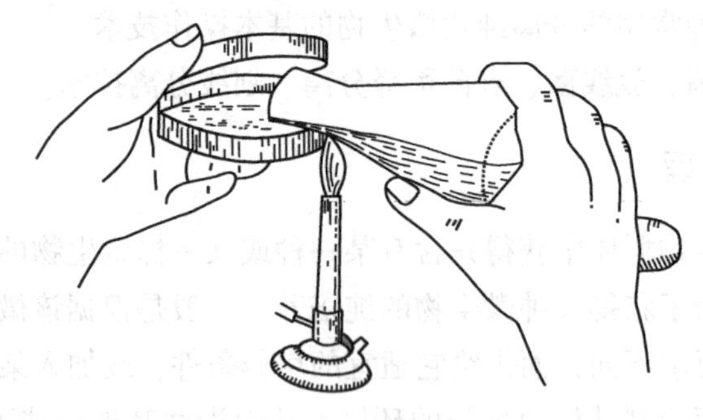

图4-1 倒平板

(2) 制备土壤稀释液。

1) 制备土壤悬液：称土样0.5g，迅速倒入带玻璃珠的无菌水瓶中（玻璃珠用量以充满瓶底为最好），振荡5~10min，使土样充分打散，即成为10^{-2}的土壤悬液。

2) 稀释：用无菌移液管10^{-2}的土壤悬液0.5mL，放入4.5mL无菌水中即为10^{-3}稀释液，如此重复，可依次制成10^{-7}~10^{-3}的稀释液（图4-2）。注意：操作时管尖不能接触液面，每一个稀释度换用一支移液管，每次吸入土液后，要将移液管插入液面，吹吸3次，每次吸上的液面要高于前一次，以减少稀释中的误差。

(3) 涂布。将上述每种培养基的三个平板底面分别标记10^{-4}、10^{-5}和10^{-6}三种稀释度，然后用无菌吸管分别从三管土壤稀释液中各吸取0.1mL对号放入已标好的平板中，用无菌玻璃涂棒按图4-3所示，在培养基表面轻轻地涂布均匀，室温下静置5~10min，使菌液吸附进培养基。

平板涂布方法：将0.1mL菌悬液小心地滴在平板培养基表面中央位置，右

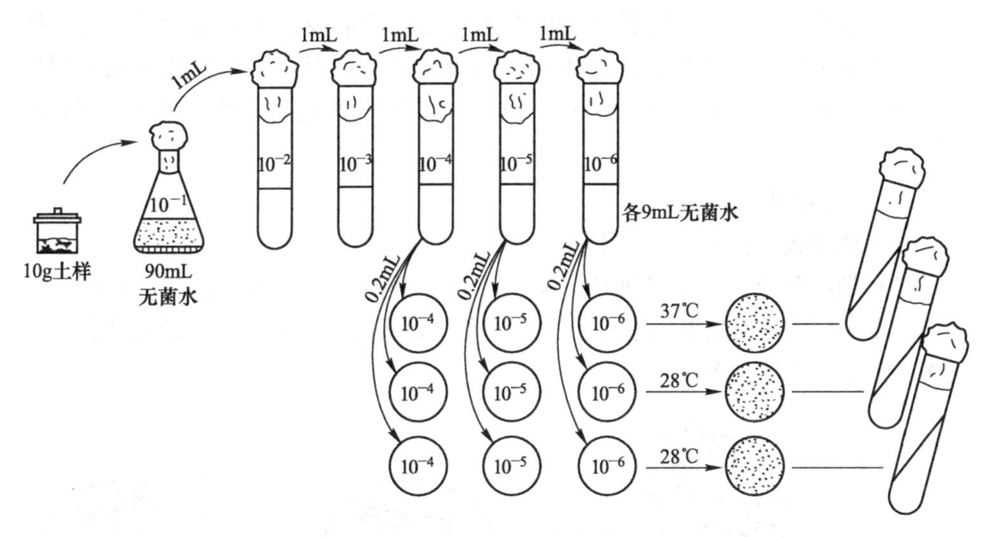

图 4-2　稀释分离土壤微生物操作过程图解

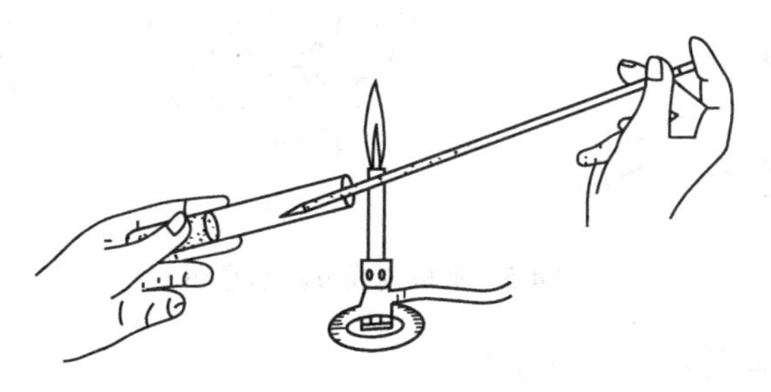

图 4-3　用移液管吸取菌液

手拿无菌涂棒平板培养基表面上，将菌悬液先沿一条直线轻轻地来回推动，使之分布均匀（见图 4-4），然后改变方向沿另一垂直线来回推动，平板内边缘处可改变方向用涂棒再涂布几次。

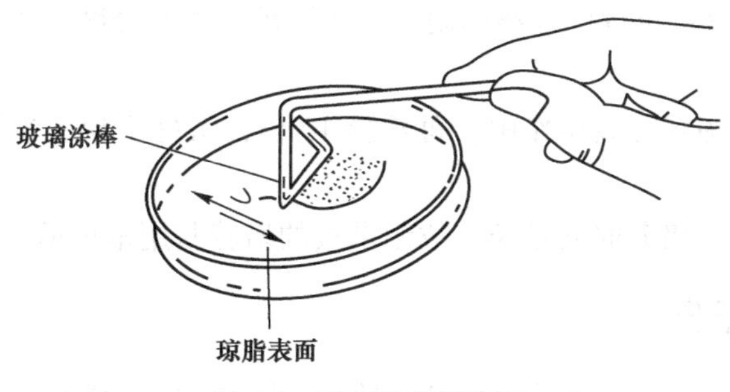

图 4-4　平板涂布操作图

（4）培养。将高氏Ⅰ号培养基平板和马丁氏培养基平板倒置于 28℃温室中培养 3～5h，肉膏蛋白胨平板倒置于 37℃温室中培养 2～3h。

(5) 挑菌落。将培养后长出的单个菌落分别挑取少许细胞接种到上述三种培养基的斜面上，分别置于28℃和37℃温室培养，同时将细胞涂片染色后用显微镜检查是否为单一微生物。若发现有杂菌，需再一次进行分离、纯化，直到获得纯培养。

2. 平板划线分离法

(1) 倒平板。按稀释涂布平板法倒平板。

(2) 划线分离。使用接种环，从待纯化的菌落或待分离的斜面菌种中沾取少量菌样，在相应的培养基平板中划线分离，划线的方法多样，目的使获得单个菌落，主要方法参见图4-5。

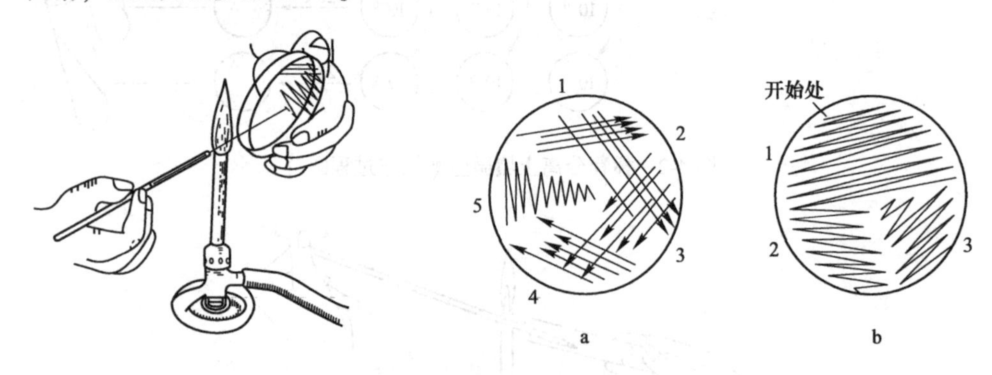

图4-5 平板划线方法示意图

(3) 培养。同稀释涂布平板法。

(4) 挑菌落。同稀释涂布平板法，一直到分离的微生物认为纯化为止。

五、注意事项

(1) 一般土壤中，细菌最多，放线菌及霉菌次之，而酵母菌主要见于果园及菜园土壤中，故从土壤中分离细菌时，要取较高的稀释度，否则菌落练成一片不能计数。

(2) 在土壤稀释分离操作中，每稀释10倍，最好更换一次移液管，使计数准确。

(3) 放线菌的培养时间较长，故制平板的培养基用量可适当增多。

六、实验报告

(1) 你所做的涂布平板分离法和划线法是否较好地得到了单菌落？如果不是，请分析其原因。

(2) 在三种不同的平板上分离得到哪些类群的微生物？请简述它们的菌落特征。

七、思考题

（1）稀释分离时，为什么要将已融化的琼脂培养基冷却到55~60℃才能倾入到装有菌液的培养皿内？

（2）划线时，为何不能重叠？

（3）在恒温箱中培养微生物时为何培养皿均需倒置？

（4）分离某类微生物时培养皿中出现其他类微生物，请说明原因。应该如何进一步分离和纯化？经过一次分离的菌种是否皆为纯种？若不纯，应采用哪种分离方法最合适？

实验十六　土壤中微生物的纯种分离培养

一、实验目的

掌握从土壤中分离和纯化微生物的基本方法。

练习微生物接种和培养的基本技术，掌握无菌操作技术。

二、实验原理

为了分离和确保获得某种微生物的单菌落，首先要考虑制备不同稀释度的菌悬液。各类菌的稀释度因菌源、采集样品时的季节、气温等条件而异。其次，应考虑各类微生物的不同特性，避免菌源中各类微生物的相互干扰。微生物纯种分类的方法有很多，常用的方法有两类：一类是单细胞挑取法，采用这种方法能获得微生物的克隆纯种，但对仪器条件要求较高，一般实验室不能进行。另一类是单菌落分离（平板分离法），该方法简便是微生物学实验中常采用的方法。通过形成单菌落获得纯种的方法有平板划线法、平板浇注（稀释混合平板法）、平板表面涂布法。

此次实验采取的是平板分离法，该方法操作简单，普遍用于微生物的分离与纯化。其原理包括两方面：

（1）在适合于待分离微生物的生长条件下（如营养、酸碱度、温度与氧等）培养微生物，或加入某种抑制剂造成只利于待分离微生物的生长，而抑制其他微生物生长的环境，从而淘汰一些不需要的微生物。

（2）微生物在固体培养基上生长形成的单个菌落可以是由一个细胞繁殖而成的集合体。因此可通过挑取单菌落而获得纯培养。

但是从微生物群体中经分离生长在平板上的单个菌落并不一定保证是纯培养。因此，纯培养的确定除观察其菌落的特征外，还要结合显微镜检测个体形态特征后才能确定。有的微生物的纯培养要经过一系列分离与纯化过程和多种特征鉴定才能得到。

三、实验器材

（1）菌种：青枯劳尔氏菌。

（2）培养基：肉膏蛋白胨培养基。

（3）仪器：带有玻璃珠装有 90mL 无菌水三角瓶、装有 9mL 无菌水的试管、无菌培养皿、酒精灯、培养箱等。

（4）土样：地表 10cm 左右。

四、实验步骤

1. 制备土壤稀释液

称取土样 10g，放入盛有 90mL 无菌水的带有玻璃珠的三角瓶中，入振荡培养箱中振荡摇匀 20min，使土样和水充分混合，取 1 支 1mL 无菌移液管从三角瓶中吸取 1mL（此操作要求无菌操作），加入另一盛有 9mL 无菌水的试管中，混合均匀，以此类推分别制成 0.01、0.001、0.0001 等不同稀释度的土壤溶液。

2. 平板分离法分离

（1）浇注平板法（稀释混合平板法）。分别取上述不同稀释液少许（0.5~1mL），与已融化并冷却至 50℃左右的琼脂培养基混合，摇匀后，倾入灭过菌的培养皿中，待琼脂凝固后，制成可能含菌的琼脂平板，保温培养一定时间即可出现菌落。如果稀释得当，在平板表面或琼脂培养基中就可出现分散的单个菌落，这个菌落可能就是由一个细菌细胞繁殖形成的。随后挑取该单个菌落，或重复以上操作数次，便可得到纯培养。

（2）平板划线分离。将已融化的培养基倒入培养皿中制成平板，用接种环沾取少量待分离的材料，在培养基表面平行或分区划线，然后，将培养皿放入恒温箱里培养。在线的开始部分，微生物往往连在一起生长，随着线的延伸，菌数逐渐减少，最好可能形成纯种的单个菌落。

3. 斜面接种和穿刺接种

（1）斜面接种。

1）取新鲜固体斜面培养基，分别做好标记（写上菌名、接种日期、接种人等），然后用无菌操作方法，把待接菌种接入以上新鲜培养基斜面中。

2）接种的方法是，用接种环沾取少量待接菌种，然后在新鲜斜面上“之”字形划线，方向是从下部开始，一直划至上部（图 4-6）。注意划线要轻，不可把培养基划破。

3）接种后30℃恒温培养，细菌培养48h，放线菌、霉菌培养至孢子成熟方可取出保存。

（2）穿刺接种。

1）取新鲜半固定肉膏蛋白胨柱状培养基，做好标记（写上菌名、接种日期、接种人等）。

2）接种的方法是，用接种针沾取少量待接菌种，然后从柱状培养基的中心传入其底部（但要穿透），然后沿原刺入路线抽出接种针，注意接种针不要移动（见图4-7）。

3）接种后30℃恒温培养，24h后观察，比较两种菌的生长结果。

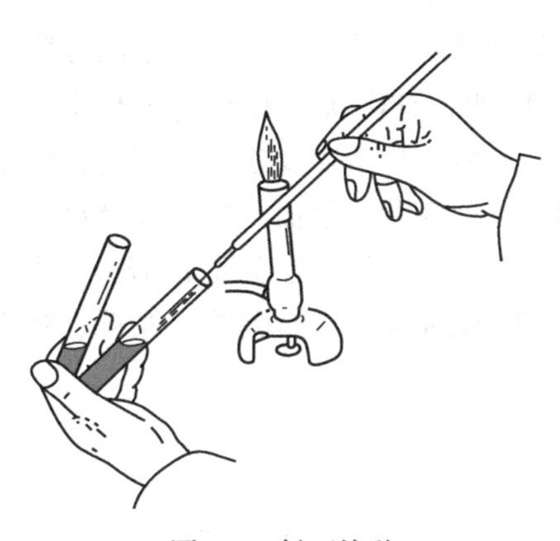

图4-6　斜面接种

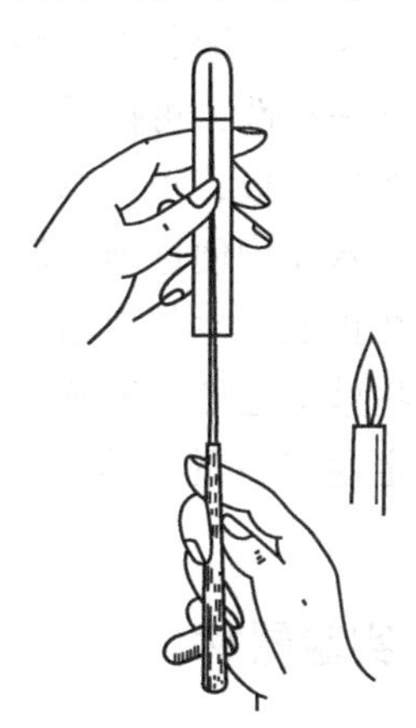

图4-7　垂直接种

五、注意事项

（1）在土壤稀释分离操作中，每稀释10倍，最好更换一次移液管，使计数准确。

（2）玻璃器皿在实验前必须洗涤干净，根据实验要求准备相应数量，移液管、培养皿等包装好后灭菌。可采用干热灭菌法处理。

六、实验报告

详细描述实验中各种微生物在斜面上和半固体培养基中的培养特征。

七、思考题

（1）分离土壤中的细菌时为什么要进行稀释？

（2）用一根无菌移液管接种几种浓度的水样时，应从哪个浓度开始？为什么？

（3）如何检验平板上某个单菌落是不是纯培养？

实验十七　生长谱法测定微生物的营养要求

一、实验目的

学习并掌握用生长谱法测定微生物营养需要的基本原理和方法。

二、实验原理

能源、碳源、氮源、无机盐、微量元素、生长因子，是微生物生长繁殖必需的六大营养要素，缺其中一种，微生物便不能正常生长。

根据这一特性，可把微生物接种在一种只缺某种营养物的完全合适的琼脂培养基中，倒成平板，把所缺的这种营养物（例如各种碳源）点植于平板上，室温培养，该营养物便逐渐扩散于点植点周围。该微生物若需要这种营养物，便在这种营养物扩散处生长繁殖，其他各处则因缺乏所需营养物而不能生长繁殖。

微生物繁殖之处出现圆形菌落圈，即生长图形，故称此法为生长谱法，生长谱法可以定性定量的测定微生物对各种营养物质的需要，如碳源、氮源、维生素等。

三、实验器材

大肠杆菌、合成培养基、木糖、葡萄糖、半乳糖、麦芽糖、蔗糖、乳糖，无菌平板、无菌牙签、吸管、无菌水等。

四、实验步骤

（1）将培养 24h 的大肠杆菌斜面用无菌水洗下，制成菌悬液。

（2）将合成培养基约 20mL，溶化后冷却到 50℃左右加入 1mL 大肠杆菌悬液，摇匀，立即倾注于直径为 12cm 的无菌培养皿中。待充分凝固后，在平板背面用记号笔划分为六个区，并标明要点植的各种糖类（见图 4-8）。

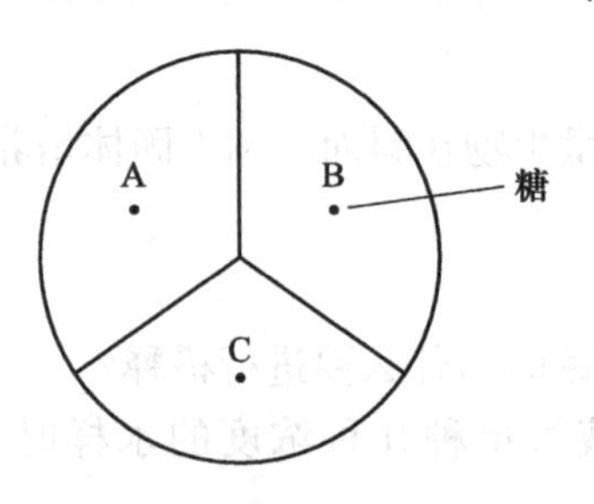

图 4-8　各种糖类点植图示

（3）用3根无菌牙签，分别挑取3种糖对号点植，糖粒大小如小米粒。

（4）倒置于37℃温室培养18~24h，观察各种糖周围有无菌落圈。

五、注意事项

（1）点植时糖要集中，取糖量为小米粒大小即可，糖过多时，溶化后糖溶液扩散区域过大会导致不网的糖相互混合。

（2）点植糖后不要匆忙将平板倒置，否则尚未溶化的糖粒会掉到皿盖上。

六、实验报告

（1）绘图表示生长情况。

（2）根据实验结果，大肠杆菌所需要的碳源是什么？

七、思考题

根据实验结果分析，大肠杆菌所需要的碳源是什么？

实验十八　食用真菌的培养

一、实验目的

（1）学习高等食用真菌的液体培养和固体栽培的一般方法。

（2）了解制备菌丝的意义及用途。

二、实验原理

一般来说，液体培养是研究食用菌很多生化特征，及生理代谢的最适方法。高等真菌菌丝体在液体培养基里分散状态好，营养吸收及氧气等气体交换容易，生长快。发育成熟的菌丝体及发醇液可制成药物或饮料和食品添加剂等。在固体栽培时，用液体菌种代替固体原种（由斜面菌种，俗称母种扩大培养而成的菌种）时，由于其流动性大，易分散，很快就能布满整瓶，大大缩短培养时间。

培养方法可影响菌丝体的形态和生理特征，菌丝体的多少除与培养基有关外，还和环境条件，尤其是与液体培养时的转速有关。一定时期菌丝体的干重大小反映真菌的生长好坏，而作为固体栽培的菌丝体片断的存活数测定，可寻求菌丝最适均质状态。

瓶栽、袋料栽培、室外栽培及椴木露天栽培等是食用菌（包括药用真菌）大规模生产的方法，本实验以侧耳为材料，学习真菌的液体培养和固体栽培技术。

一级种（斜面菌种）→二级种（摇瓶种子）{均质菌丝（或菌丝）→固体栽培
发酵培养}

三、实验器材

（1）菌种：侧耳（俗称平菇、北风菌等）。

（2）培养基：马铃薯培养基、玉米粉蔗糖培养基、酵母膏麦芽汁琼脂、玉米粉综合培养基、籽壳培养基。

（3）试剂：含2%硫酸铵、0.8%酒石酸的溶液。

（4）仪器：旋转式恒温摇床、接种铲、接种针、三角瓶、550mL罐头瓶。

四、操作步骤

1. 液体培养

（1）一级种（斜面菌种，俗称母种。母种斜面移种后称原种）培养用无菌接种铲薄薄铲下侧耳斜面菌丝1块，接种于马铃薯培养基斜面中部，26~28℃培养7d。食用菌的细胞分裂仅限于菌丝顶端细胞，若用接种环刮下表面菌苔接种，因切断薄丝，DNA流失严重，大多生长不好。

（2）二级种（摇瓶种子）培养。将上述一级种用无菌接种铲铲下约0.5cm^2的菌块至装有50mL玉米粉蔗糖培养基的250mL三角瓶中，26~28℃静止培养2d，再置旋转式摇床，同样温度，150~180r/min，培养3d。静止培养，促使铲断菌丝的愈合，有利于繁殖，大规模菌丝生产，一般都进行二级摇瓶种子培养。

若系作为固体栽培的种子，则在菌丝球数量达到最高峰时（3d左右），放入10颗左右灭菌玻璃珠，适度旋转摇动5min、10min均质菌丝，将这种均质化的菌丝片断悬液作为接种物（或用匀浆器，均质一定时间）。取1mL涂布在酵母裔麦芽汁琼腊平板上，重复3份，置28℃培养3d后计算菌落数作为菌丝断片成活试验。

用摇瓶种子可以直接作固体栽培种，而用均质菌丝悬浮液作栽培种，发育点多、接种效果好。也可以成熟的播瓶种子接种处理好的麦粒，制成液体—麦粒栽培种，细胞年龄一致，老化菌丝少，用作栽培种，则生产时间缩短，污染率低，可增产5%~25%。

2. 固体栽培

（1）配料、装瓶和消毒。3个550mL罐头瓶按比例称好330g棉子壳培养基，依法配制及时装瓶。底部料压得松一些，瓶口压紧些，中间扎一直径约1.5cm洞穴，用牛皮纸及时扎封瓶口，128℃消毒1.5~2h。

（2）接种培养。待培养基温度降至20~30℃时，用大口无菌吸管于中部接进摇瓶种子5%或均质悬浮液3%，培养基表面稍留点。扎好牛皮纸移入培养室。

五、注意事项

（1）发酵液由稠变稀，菌丝略有自溶即应暂停培养。发酵液经过不同处理，制成备种用途。

（2）大规模生产也可用常压灭菌，100℃，6h。

六、实验报告

计算所栽培侧耳的生物学效率。

七、思考题

大规模进行食用菌栽培时，制备各种形式栽培种的利弊关系。

实验十九　菌 种 保 藏

一、实验目的

（1）了解菌种保藏的基本原理。

（2）了解并掌握几种常用简便的菌种保藏方法。

二、实验原理

微生物种质是重要的自然资源。菌种保藏工作是一项重要的微生物学基础工作。它的任务是将从自然界分离到的野生型菌株或经人工选育的纯种妥善保藏，使之不死、不衰、不乱，并保持菌种原有的各种优良培养特征和生理活性。

微生物菌种保藏的基本原理是使微生物的生命活动处于半永久性的休眠状态，也就是使微生物的新陈代谢作用限制在最低的范围内。干燥、低温和隔绝空气是保证获得这种状态的主要措施。有针对性地创造干燥、低温和隔绝空气的外界条件是微生物菌种保藏的基本技术。

三、实验器材

（1）培养基：肉汤蛋白胨斜面、高氏Ⅰ号培养基斜面、麦芽汁培养基斜面、马铃薯培养基斜面。

（2）试剂：10%HCl、2%HCl、牛奶、无水氯化钙、石蜡油、五氧化二磷。

（3）仪器：离心机、冷冻真空装置、高频电火花器、液氮冰箱、控速冷冻机、安瓿管、5mL无菌吸管、小三角瓶、1mL无菌吸管、250mL三角瓶等、灭菌锅、真空泵、干燥器、无菌水、筛子（40mm、120mm）、标签、接种针、接种环、棉花、角匙等。

四、实验步骤

1. 细菌的保藏

(1) 斜面保藏。

1) 贴标签：取无菌的肉膏蛋白胨斜面数支，在斜面的正上方距离试管口 2~3cm 处贴上标签。在标签纸上写明接种的细菌菌名、培养基名称和接种日期。

2) 斜面接种：将待保藏的细菌用接种环以无菌操作在斜面接种。

3) 培养：置 37℃ 恒温箱中培养 48h。

4) 保藏：斜面长好后，直接放入 4℃ 的冰箱中保藏。这种方法可保藏三个月至半年。

(2) 沙管保存法。此法适宜保存产生芽孢的细菌，对于保存营养细胞效果不好。

1) 取干净河沙用 24mm 筛子过筛。

2) 将过筛沙放入大烧杯内，用 10% 盐酸浸泡 24h 后倒去盐酸，用清水和蒸馏水洗至中性，烘干。

3) 分装在安瓿管中，装入高达 1cm 左右，塞好棉塞，0.1MPa 灭菌 40min，取出烘干。

4) 随机抽查无菌情况，将抽出的沙管倒入肉汤培养基中，37℃ 培养 48h，检查有无杂菌，若有杂菌则需重新灭菌，再作无菌检查，若无杂菌即可备用。

5) 将新鲜健壮的斜面菌种以常法制成均匀的菌悬液。

6) 用无菌吸管将菌悬液滴入沙管中，每管 10~15 滴，以使湿润为宜，并用接种针将沙和菌液搅拌均匀。

7) 将安瓿瓶放在真空干燥管器内，用真空泵抽干水分。

8) 从已制好的沙管中抽出一管，取少量沙粒接种于斜面培养基上，观察生长情况和菌落数的多少，如生长正常可用火焰熔封管口，或用液体石蜡密封。

9) 将沙管放入小干燥器内置冰箱保存。

2. 放线菌的保存

(1) 斜面法。用高氏 I 号琼脂斜面，其方法与细菌保存法相同。每三个月移植一次。

(2) 沙管保存法。方法步骤与细菌沙管保存法相同。此法只适于产孢子丰富的放线菌。

(3) 麦粒保存法。

1) 将优质麦粒浸泡 18~24h 后分装于小三角瓶中，包扎后置 0.1MPa 灭菌 40min。

2）将温度降至30℃左右时接放线菌孢子，适温培养后减压干燥，密封，放置在干燥器中，保存于低温。

（4）琼脂水法。

1）在蒸馏水中加入0.125%优质琼脂，0.1MPa灭菌30min。

2）将待保存的放线菌移接在高氏Ⅰ号斜面培养基上，培养2周后取5~6mL灭菌琼脂水加入斜面，制成孢子悬液。

3）无菌移入带塞的小瓶中，密封，于低温下可保存3年左右。

3. 酵母菌的保存

（1）斜面法：采用麦芽汁琼脂斜面，操作方法于细菌保存中的斜面法相同。

（2）矿油封藏法：基本操作方法与细菌保存中的矿油封藏法相同。

（3）冷冻干燥保藏法。

1）准备安瓿管，用于冷冻干燥菌种保藏的安瓿管宜采用中性玻璃制造，形状可用长颈球形底的，亦称泪滴型安瓿管，大小要求外径6~7.5mm，长105mm，球部直径9~11mm，壁厚0.6~1.2mm。也可用没有球部的管状安瓿管。塞好棉塞，1.05kg/cm，121.3℃灭菌30min，备用。

2）准备菌种，用冷冻干燥法保藏的菌种，其保藏期可达数年至十数年。为了在许多年后不出差错，故所用菌种要特别注意其纯度，即不能有杂菌污染，然后在最适培养基中用最适温度培养，使培养出良好的培养物。细菌和酵母的菌龄要求超过对数生长期，若用对数生长期的菌种进行保藏，其存活率反而降低。一般，细菌要求24~48h的培养物；酵母需培养3d；形成孢子的微生物则宜保存孢子；放线菌与丝状真菌则培养7~10d。

3）制备菌悬液与分装以细菌斜面为例，用脱脂牛乳2mL左右加入斜面试管中，制成浓菌液，每支安瓿管分装0.2mL。

4）冷冻干燥器有成套的装置出售，价值昂贵，此处介绍的是简易方法与装置，可达到同样的目的。将分装好的安瓿管放低温冰箱中冷冻，无低温冰箱可用冷冻剂如干冰、酒精液或干冰丙酮液，温度可达-70℃。将安瓿管插入冷冻剂，只需冷冻4~5min，即可使悬液结冰（图4-9）。

5）真空干燥为在真空干燥时使样品保持冻结状态，需准备冷冻槽，槽内放碎冰块与食盐，混合均匀，可冷至-15℃。装置仪器，安瓿管放入冷冻槽中的干燥瓶内。抽气一般若在30min内能达到93.3Pa（0.7mmHg）真空度时，则干燥物不致熔化，以后再继续抽气，几小时内，肉眼可观察到被干燥物已趋干燥，一般抽到真空度26.7Pa（0.2mmHg），保持压力6~8h即可。

6）封口抽真空干燥后，取出安瓿管，接在封口用的玻璃管上，可用L形五通管继续抽气，约10min即可达到26.7Pa（0.2mmHg）。于真空状态下，以煤气喷灯的细火焰在安瓿管颈中央进行封口。封口以后，保存于冰箱或室温暗处。

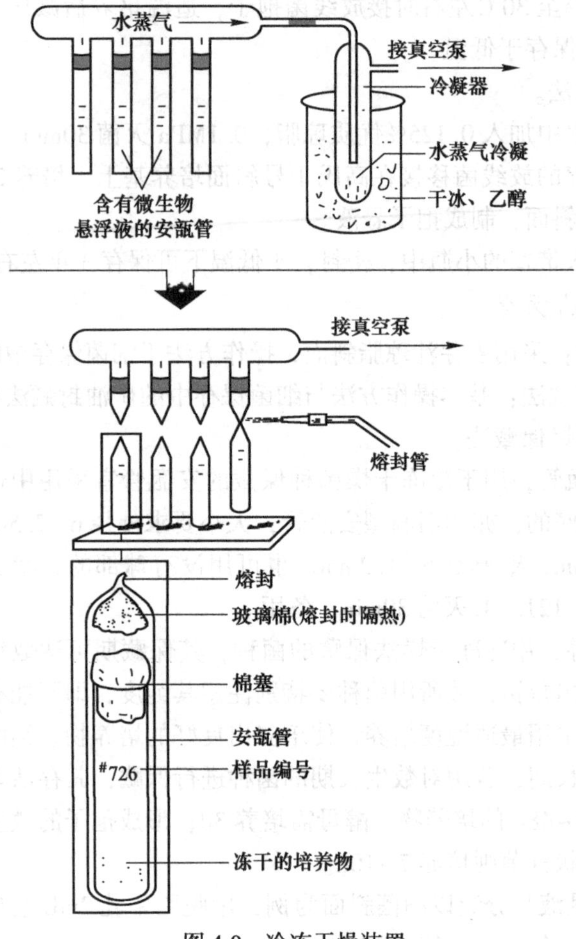

图 4-9 冷冻干燥装置

4. 液氮超低温保藏法

(1) 保护剂。液氮保藏一般都要添加保护剂，如甘油、二甲基亚砜、蔗糖和吐温 80 等。

(2) 制备安瓿管。在容积为 1.2mL、外径为 1.2cm 的安瓿管中，加入 10%甘油或 10%二甲基亚砜 0.8mL，加棉塞 0.1MPa 高压灭菌 30min 后，把安瓿管编号备用。

(3) 熔封。将待保藏的菌种悬液一滴，或把生长菌种的琼脂块（用直径 6mm的打孔器打孔）加到灭菌安瓿管的保护剂中（注意要无菌操作），然后去掉棉塞，火焰熔封。

(4) 预冻和保藏。把熔封的安瓿管进行慢速冷冻，以每分钟下降 1℃的速度直至-35℃，最好移到液氮中保藏。液氮冰箱内气象温度为-150℃，液氮内为

-196℃。若把安瓿管只保藏在液氮冰箱的气相里，则可以不用去掉棉塞，也不必熔封安瓿管口。

（5）复原。当保藏的菌种需要恢复培养时，可采用急速解冻的方法；把安瓿管从液氮中取出，立即置38~40℃的水浴中摇动，直到管内的结冰完全融化为止。以无菌手续开启安瓿管，最后把菌种移到要求的培养基中，置室温下培养。

五、注意事项

（1）安瓿管必须严格的密封，因为安瓿管熔封不严或稍有破裂，在保藏期间液氮就会渗入安瓿管内，使用时液氮就会从安瓿管内逸出，由于外面的温度高，液氮就会急速气化、膨胀而发生爆炸，所以，在安瓿管恢复培养时应采取一些相应的措施，如在水下融解（水层可以阻挡碎玻璃片四散）、操作人员应戴皮手套和面罩等。

（2）处理液氮时应仔细操作，因为液氮与皮肤接触极易被“冷烧”，损伤皮肤，但其本身无色无臭，在较小的房间里操作应注意窒息，液氮容器应放置在通风良好的地方。

（3）在保藏过程中，取出安瓿管及其盛放的容器在液氮冰箱内排列很紧，容器又被水层所覆盖，标记不易看清楚，为了防止另外安瓿管的升温，取出安瓿管至放回的时间一般不能超过1min。

六、实验报告

（1）记录各类微生物菌种保藏方法与结果。

（2）记录冷冻干燥保藏微生物的方法和结果。

（3）记录液氮超低温保藏微生物的方法和结果。

七、思考题

谈谈冷冻干燥保藏微生物和液氮超低温保藏微生物保藏方法的利弊。

第五章 消毒与灭菌

实验二十 常用的消毒与灭菌方法

消毒一般指采用物理、化学和生物的方法消除物体的表面病原菌和有害微生物营养体的过程。灭菌则是指采用物理、化学和生物的方法杀灭一切微生物的营养体、芽孢和孢子的过程。在微生物实验中，需要进行纯培养，不能有任何杂菌污染。因此，对所用器材、培养基和工作场所都要进行严格的消毒和灭菌。

一、加热灭菌

加热灭菌又分为干热灭菌和湿热灭菌两类

1. 干热灭菌

干热灭菌是利用高温使微生物细胞内的蛋白质凝固变性而达到灭菌的目的。干热灭菌有火焰灼烧灭菌和热空气灭菌两种。细胞内蛋白质的凝固性与其含水量有关。在菌体受热时，当环境和细胞内含水量越大，则蛋白蛋凝固就越快，反之凝固缓慢。因此，与湿热灭菌相比，干热灭菌所需温度要高（160~170℃），时间要长（1~2h），但干热灭菌温度不能超过180℃。否则，包器皿的纸或棉塞就会烧焦，甚至引起燃烧。

2. 湿热灭菌

高压蒸汽灭菌法。高压蒸汽灭菌是将待灭菌的物品放在一个密闭的灭菌锅内，通过加热，使灭菌锅隔套间的水沸腾而产生蒸汽。待水蒸气急剧将锅内冷空气从排气阀中趋尽，关闭排气阀，继续加热。由于水蒸气无法排出，增加了灭菌锅内的压力，从而使沸点增高，得到高于100℃的温度。导致菌体蛋白质凝固变性而达到灭菌目的。

一般培养基在0.1MPa下，121℃维持15~30min可达到彻底灭菌的目的。灭菌的温度及维持的时间随灭菌物品的性质和容量等具体情况而有所改变。

在同一温度下，湿热的杀菌效力比干热大。

其原因：一是湿热中细菌菌体吸收水分，蛋白质较易凝固，因蛋白质含水量增加，所需凝固温度降低。二是湿热的穿透力比干热大。三是湿热的蒸气有潜热存在。

1g 水在 100℃时，由气态变为液态时可放出 2.26kJ 的热量。这种潜热，能迅速提高被灭菌物体的温度，从而增加灭菌效力。

在使用高压蒸汽灭菌锅灭菌时，灭菌锅内冷空气的排除是否完全极为重要，因为空气的膨胀压大于水蒸气的膨胀压。所以，当水蒸气中含有空气时，在同一压力下，含空气蒸汽的温度低于饱和蒸汽的温度。

当含盐类的液体和含盐的琼脂中大量的盐类泼洒在工作腔体，要立即换水，冲洗腔体，仔细擦干锅盖垫圈上的水滴。否则，它们会带来腐蚀和变质。

要检查压力表上的指数为“0MPa”后才能打开锅盖。

外来物质（金属、液体）不能堵塞通风孔，否则会引起装置故障、起火、短路。

二、过滤除菌

过滤除菌是通过机械作用滤去液体或气体中细菌的方法。根据不同的需要选用不同的滤器和滤板材料。此法除菌的最大优点是可以不破坏溶液中各种物质的化学成分，但由于滤量有限，所以一般只适用于实验室中小量溶液的过滤除菌。

三、辐射灭菌

（1）放射线辐照灭菌。

（2）紫外线灭菌。

紫外线灭菌是用紫外线灯进行的。波长为 200~300nm 的紫外线都有杀菌能力，其中以 260nm 的杀菌力最强。

在波长一定的条件下，紫外线的杀菌效率与强度和时间的乘积成正比。

紫外线杀菌机理主要是因为它诱导了胸腺嘧啶二聚体的形成和 DNA 链的交联，从而抑制了 DNA 的复制。另一方面，由于辐射能使空气中的氧电离成[O]，再使 O_2氧化生成臭氧（O_3）或使水（H_2O）氧化生成过氧化氢（H_2O_2）。O_3和 H_2O_2均有杀菌作用。

紫外线穿透力不大，所以，只适用于无菌室、接种箱、手术室内的空气及物体表面的灭菌。紫外线灯距照射物以不超过 1.2m 为宜。

为了加强紫外线灭菌效果，在打开紫外灯前，可在无菌室内（或接种箱内）喷洒 3%~5%石炭酸溶液，一方面使空气中附着有微生物的尘埃降落；另一方面也可以杀死一部分细菌。

无菌室内的桌面、凳子可用 2%~3%的来苏尔擦洗，然后再开紫外灯照射，即可增强杀菌效果，达到灭菌目的。

灭菌的试管培养基冷至 50℃左右再搁置，以防斜面上冷凝水太多。

斜面长度不超过试管总长的一半。

将灭菌的培养基放入37℃的温室中培养24~48h，以检查灭菌是否彻底。

四、化学药品灭菌

化学消毒灭菌是通过破坏微生物细胞膜、使蛋白质变性等作用，灭微生物繁殖体或芽孢，消毒对象是物体表面、空气、污染物品等，消毒方式是擦洗、熏蒸、浸泡等。

五、实验任务

(1) 每组配制700mL牛肉膏蛋白胨培养基。

(2) 趁热将培养基分装至6支试管（6×7支，不超过管高1/5）；剩余的培养基装入锥形瓶中（每瓶约150mL）。

(3) 对试管、锥形瓶进行包装，贴上标签（培养基名称、配制时间、组别）。

(4) 高压蒸汽灭菌（121℃，灭菌20min）。

六、作业

1. 实验报告

2. 思考题

(1) 培养基配置好后，为什么必须立即灭菌，如何检查灭菌后的培养基是否为无菌的?

(2) 如果需要配制一种含有某抗生素的固体培养基，其中抗生素的终质量浓度（或工作浓度）为50μg/mL，你将如何操作?（提示：抗生素在高温下易失效）。

实验二十一 干热灭菌

一、实验目的

(1) 了解干热灭菌的原理和应用范围。

(2) 学习干热灭菌的操作技术。

二、实验原理

干热灭菌是利用高温使微生物细胞内的蛋白质凝固变性而达到灭菌的目的。细胞内的蛋白质凝固性与其本身的含水量有关，在菌体受热时，当环境和细胞内含水量越大，则蛋白质凝固就越快，反之含水量越小，凝固缓慢。因此，与湿热灭菌相比，干热灭菌所需温度高（160~170℃），时间长（1~2h）。但干热灭菌温度不能超过180℃，否则，包器皿的纸或棉塞就会烧焦，甚至引起燃烧。干热灭菌使用的电烘箱的结构如图5-1所示。

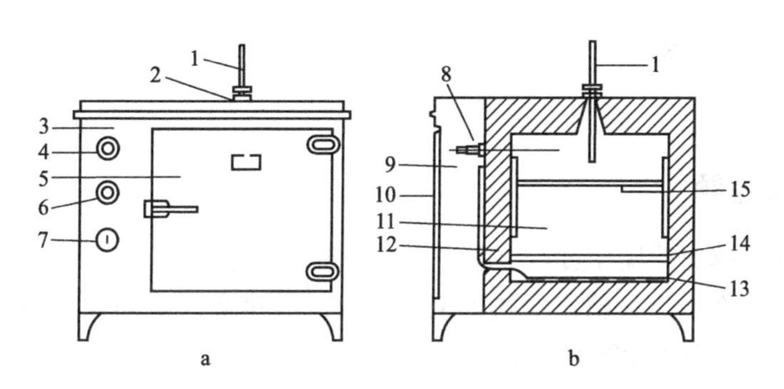

图5-1　电烘箱的外观和结构

a—外观　b—结构

1—温度计；2—排气阀；3—箱体；4—控温器旋钮；5—箱门；6—指示灯；7—加热开关；8—温度控制阀；9—控制室；10—侧门；11—工作室；12—保温层；13—电热器；14—散热板；15—搁板

三、实验器材

实验器材包括：培养皿、试管、吸管、电烘箱等。

四、实验步骤

(1) 装入待灭菌物品。将包好的待灭菌物品（培养皿、试管、吸管等）放入电烘箱内，关好箱门。

(2) 升温。接通电源，拨动开关，打开电烘箱排气孔，旋动恒温调节器至绿灯亮，让温度逐渐上升。当温度升至100℃时，关闭排气孔。在升温过程中，如果红灯熄灭，绿灯亮，表示箱内停止加温。此时，如果还未达到所需的160~170℃温度，则需转动调节器使红灯再亮，如此反复调节，直至达到所需温度。

(3) 恒温。当温度升到160~170℃时，借恒温调节器的自动控制，保持此温度2h。

(4) 降温。切断电源、自然降温。

(5) 开箱取物。待电烘箱内温度降到70℃以下后，打开箱门，取出灭菌物品。

五、注意事项

(1) 物品不要摆得太挤，以免妨碍空气流通，灭菌物品不要接触电烘箱内壁的铁板，以防包装纸烤焦起火。

(2) 干热灭菌过程中，严防恒温调节的自动控制失灵而造成安全事故。

(3) 电烘箱内温度未降到 70℃以前，切勿自行打开箱门，以免骤然降温导致玻璃器皿炸裂。

六、实验报告

略。

七、思考题

(1) 在干热灭菌操作过程中应注意哪些问题，为什么？

(2) 为什么干热灭菌比湿热灭菌所需要的温度高、时间长？请设计干热灭菌和湿热灭菌效果比较实验方案。

实验二十二 湿热灭菌

一、实验目的

(1) 了解高压蒸汽灭菌的基本原理及应用范围。

(2) 学习高压蒸汽灭菌的操作方法。

二、实验原理

高压蒸汽灭菌是将待灭菌的物品放在一个密闭的加压灭菌容器中，通过加热，使灭菌锅隔套间的水沸腾而产生蒸汽。待水蒸气急剧地将锅内的冷空气从排气阀中驱尽，然后关闭排气阀，继续加热，此时由于蒸汽不能溢出，而增加了灭菌器内的压力，从而使沸点增高，得到高于 100℃的温度。导致菌体蛋白质凝固变性而达到灭菌的目的。

在同一温度下，湿热的杀菌效力比干热大。其原因：一是湿热中细菌菌体吸收水分，蛋白质较易凝固，因蛋白质含水量增加，所需凝固温度降低（表 5-1）。二是湿热的穿透力比干热大（表 5-2）。三是湿热的蒸汽有潜热存在。1g 水在 100℃时，由气态变为液态时可放出 2. 26kJ 的热量。这种潜热，能迅速提高被灭菌物体的温度，从而增加灭菌效力。

在使用高压蒸汽灭菌锅灭菌时，灭菌锅内冷空气的排除是否完全极为重要。因为，空气的膨胀压大于水蒸气的膨胀压。所以，当水蒸气中含有空气时，在同一压力下，含空气蒸汽的温度低于饱和蒸汽的温度。灭菌锅内留有不同分量空气时，压力与温度的关系见表 5-3。

表 5-1 蛋白质含水量与凝固所需温度的关系

卵白蛋白含水量/%	30min 内凝固所需温度/℃
50	56
25	74~80
18	80~90
6	145
0	160~170

表 5-2 干热湿热穿透力及灭菌效果比较

温度/℃	时间/h	透过布层的温度/℃			灭菌
		20 层	10 层	100 层	
干热 130~140	4	86	72	70. 5	不完全
湿热 105. 3	3	101	101	101	完全

表 5-3 灭菌锅留有不同分量空气时，压力与温度的关系

压力数			全部空气排出时的温度/℃	2/3 空气排出时的温度/℃	1/2 空气排出时的温度/℃	1/3 空气排出时的温度/℃	空气全不排出时的温度/℃
MPa	kg/cm^2	lb/in^2					
0. 03	0. 35	5	108. 8	100	94	90	72
0. 07	0. 70	10	115. 6	109	105	100	90
0. 10	1. 05	15	121. 3	115	112	109	100
0. 14	1. 40	20	126. 2	121	118	115	109
0. 17	1. 75	25	130. 0	126	124	121	115
0. 21	2. 10	30	134. 6	130	128	126	121

注：$1kg/cm^2$ = 98066. 5Pa；$1lb/in^2$ = 6894. 76Pa。

一般培养基用 0. 1MPa（相当于 $15lb/in^2$ 或 $1. 05kg/cm^2$），121. 5℃，15~30min 可达到彻底灭菌的目的。灭菌的温度及维持的时间随灭菌物品的性质和容量等具体情况而有所改变。例如，含糖培养基用 0. 06MPa（$8lb/in^2$ 或 $0. 59kg/cm^2$）112. 6℃灭菌 15min，但为了保证效果，可将其他成分先行 121. 3℃，20min 灭菌，然后以无菌操作手续加入灭菌的糖溶液，又如盛于试管内的培养基以 0. 1MPa，121. 5℃ 灭菌 20min 即可，而盛于大瓶内的培养基最好以 0. 1MPa，122℃灭菌 30min。

实验中常用的非自控高压蒸汽灭菌锅有卧式（图 5-2）和手提式（图 5-3）两种。其结构和工作原理相同，本实验以手提式高压蒸汽灭菌锅为例，介绍其使用方法。有关自控高压蒸汽灭菌锅（autoclave）的使用可参照厂家说明书。

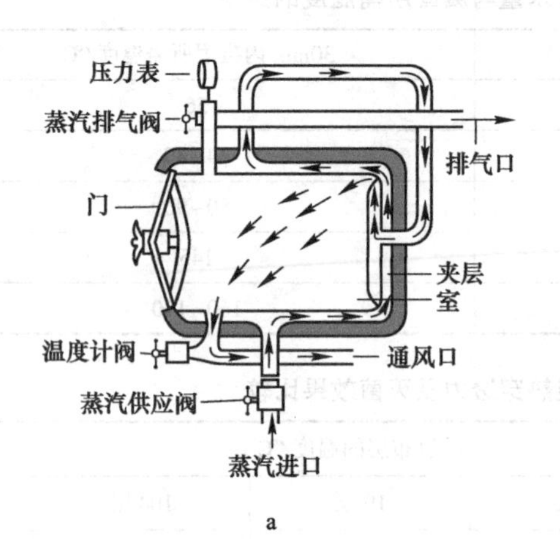

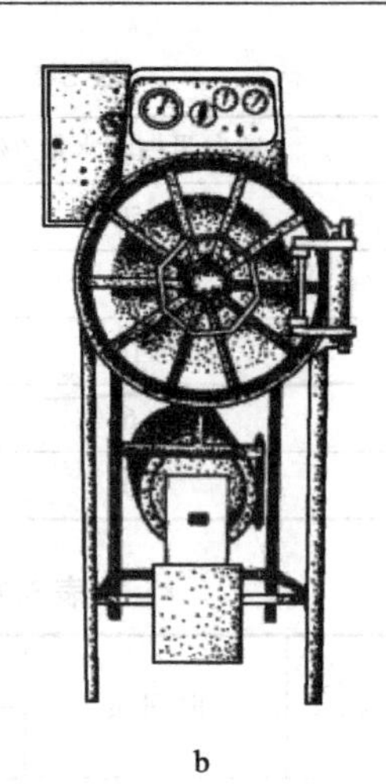

图 5-1 卧式灭菌锅

a—示意图；b—灭菌锅外形

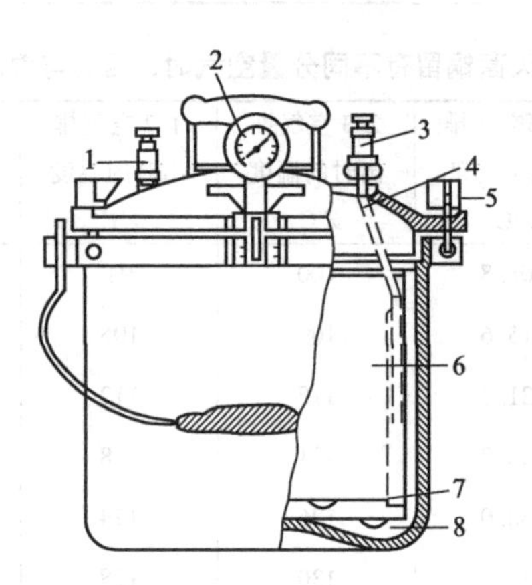

图 5-3 手提式灭菌锅

1—安全阀；2—压力表；3—放气阀；4—软管；5—紧固螺栓；

6—灭菌桶；7—筛架；8—水

三、实验器材

牛肉青蛋白胨培养基、培养皿（6 套一包）、手提式高压蒸汽灭菌锅等。

四、操作步骤

（1）首先将内层灭菌桶取出，再向外层锅内加入适量的水，使水面与三角搁架相平为宜。

（2）放回灭菌桶，并装入待灭菌物品。注意不要装得太挤，以免妨碍蒸汽流通而影响灭菌效果。三角烧瓶与试管口端均不要与桶壁接触，以免冷凝水淋湿包口的纸而透入棉塞。

（3）加盖，并将盖上的排气软管插入内层灭菌桶的排气槽内。再以两两对称的方式同时旋紧相对的两个螺栓，使螺栓松紧一致，勿使漏气。

（4）用电炉或煤气加热，并同时打开排气阀，使水沸腾以排除锅内的冷空气。待冷空气完全排尽后，关上排气阀，让锅内的温度随蒸汽压力增加而逐渐上升。当锅内压力升到所需压力时，控制热源，维持压力至所需时间。本实验用1.05MPa，121.3℃，20min 灭菌。

（5）灭菌所需时间到后，切断电源或关闭煤气，让灭菌锅内温度自然下降，当压力表的压力降至0时，打开排气阀，旋松螺栓，打开盖子，取出灭菌物品。如果压力未降到0时，打开排气阀，就会因锅内压力突然下降，使容器内的培养基由于内外压力不平衡而冲出烧瓶口或试管口，造成棉塞沾染培养基而发生污染。

（6）将取出的灭菌培养基放入37℃温箱培养24h，经检查若无杂菌生长，即可待用。

五、注意事项

（1）切勿忘记加水，同时加水量不可过少，以防灭菌锅烧干而引起炸裂事故。

（2）灭菌的主要因素是温度而不是压力。因此，锅内冷空气必须完全排尽后，才能关上排气阀，维持所需压力。

（3）压力一定要降到“0”时，才能打开排气阀，开盖取物。否则，就会因锅内压力突然下降，使容器内的培养基由于内外压力不平衡而冲出烧瓶口或试管口，造成棉塞沾染培养基而发生污染，甚至灼伤操作者。

六、实验报告

1. 结果

检查培养基灭菌是否彻底。

2. 思考题

（1）高压蒸汽灭菌开始之前，为什么要将锅内冷空气排尽？灭菌完毕后，为什么待压力降低至“0”时才能打开排气阀，开盖取物？

（2）在使用高压蒸汽灭菌锅灭菌时，怎样杜绝一切不安全的因素？

（3）灭菌在微生物实验操作中有何重要意义？

（4）黑曲霉的孢子与芽孢杆菌的胞子对热的抗性哪个最强？为什么？

实验二十三 紫外线灭菌

一、实验目的

了解紫外线灭菌的原理和方法。

二、实验原理

紫外线灭菌是用紫外线灯进行的。波长为200~300nm的紫外线都有杀菌能力。其中，以260nm的杀菌力最强。在波长一定的条件下，紫外线的杀菌效率与强度和时间的乘积成正比。紫外线杀菌机理主要是因为它诱导了胸腺嘧啶二聚体的形成和DNA链的交联，从而抑制了DNA的复制。另一方面，由于辐射能使空气中的氧电离成［O］，再使O_2氧化生成臭氧（O_3）或使水（H_2O）氧化生成过氧化氢（H_2O_2）。O_3和H_2O_2均有杀菌作用。紫外线穿透力不大，所以只适用于无菌室、接种箱、手术室内的空气及物体表面的灭菌。紫外线灯距照射物以不超过1.2m为宜。

此外，为了加强紫外线灭菌效果，在打开紫外灯以前，可在无菌室内（或接种箱内）喷洒3%~5%石炭酸溶液，一方面使空气中附着有微生物的尘埃降落；另一方面也可以杀死一部分细菌。无菌室内的桌面、凳子可用2%~3%的来苏尔擦洗，然后再开紫外灯照射，即可增强杀菌效果，达到灭菌目的。

三、实验器材

（1）培养基：牛肉膏蛋白胨平板。

（2）溶液或试剂：3%~5%石炭酸或2%~3%来苏尔溶液。

（3）仪器或其他用具：紫外线灯。

四、操作步骤

1. 单用紫外线照射

（1）在无菌室内或在接种箱内打开紫外线灯开关，照射30min，将开关关闭。

（2）将牛肉膏蛋白胨平板盖打开15min，然后盖上皿盖。置37℃培养24h。共做三套。

（3）检查每个平板上生长的菌落数。如果不超过4个，说明灭菌效果良好。否则，需延长照射时间或同时加强其他措施。

2. 化学消毒剂与紫外线照射结合使用

(1) 在无菌室内，先喷洒3%~5%的石炭酸溶液，再用紫外线灯照射15min。

(2) 无菌室内的桌面，凳子用2%~3%来苏尔擦洗，再打开紫外线灯照射15min。

(3) 检查灭菌效果（方法同“单用紫外线照射”(3)）。

五、注意事项

因紫外线对眼结膜及视神经有损伤作用，对皮肤有刺激作用，故不能直视紫外线灯光，更不能在紫外线灯光下工作。

六、实验报告

1. 结果

记录两种灭菌效果于表5-4中。

表5-4 两种灭菌效果记录表

处理方法		平板菌落数			灭菌效果比较
		1	2	3	
紫外线照射	3%~5%石炭酸+紫外线照射				
	2%~3%来苏尔+紫外线照射				

2. 思考题

(1) 细菌营养体和细菌芽孢对紫外线的抵抗力会一样吗，为什么?

(2) 紫外线灯管是用什么玻璃制作的，为什么不用普通灯用玻璃?

(3) 在紫外灯下观察实验结果时，为什么要隔一块普通玻璃?

实验二十四 微孔滤膜过滤除菌

一、目的要求

(1) 了解过滤除菌的原理。

(2) 掌握微孔滤膜过滤除菌的方法。

二、基本原理

过滤除菌是通过机械作用滤去液体或气体中细菌的方法。根据不同的需要选用不同的滤器和滤板材料。微孔滤膜过滤器是由上下两个分别具有出口和入口连接装置的塑料盖盒组成，出口处可连接针头，入口处可连接针筒，使用时将滤膜装入两塑料盖盒之间，旋紧盖盒，当溶液从针筒注入滤器时，此滤器将各种微生物阻留在微孔滤膜上面，从而达到除菌的目的。根据待除菌溶液量的多少，可选用不同大小的滤器。此法除菌的最大优点是可以不破坏溶液中各种物质的化学成分，但由于滤量有限，所以一般只适用于实验室中小量溶液的过滤除菌，较大量溶液的滤菌装置，如水的细菌学检查，见实验三十。

三、实验器材

(1) 培养基：2%的葡萄糖溶液，肉汤蛋白胨平板。

(2) 仪器或其他用具：注射器、微孔滤膜过滤器、0.22μm 滤膜、无菌试管、镊子、玻璃刮棒。

四、操作步骤

1. 组装、灭菌

将0.22μm 孔径的滤膜装入清洗干净的塑料滤器中，旋紧压平，包装灭菌后待用（0.1MPa，121.5℃灭菌 20min）。

2. 连接

将灭菌滤器的入口在无菌条件下，以无菌操作方式连接于装有待滤溶液（2%葡萄糖溶液）的注射器上，将针头与出口处连接并插入带橡皮塞的无菌试管中，见图5-4。

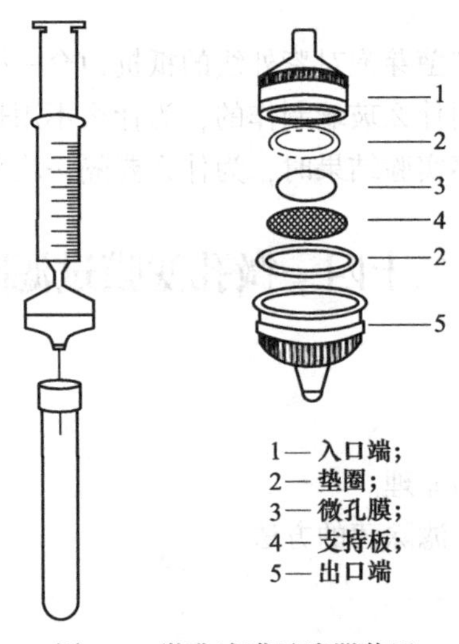

图 5-4 微孔滤膜过滤器装置

3. 压滤

将注射器中的待滤溶液加压缓缓挤入过滤到无菌试管中，滤毕，将针头拔出。

4. 无菌检查

无菌操作吸取除菌滤液 0.1mL 于肉汤蛋白胨平板上，涂布均匀，置 37℃温室中培养 24h，检查是否有菌生长。

5. 清洗

弃去塑料滤器上的微孔滤膜，将塑料滤器清洗干净，并换上一张新的微孔滤膜，组装包扎，再经灭菌后使用。

五、注意事项

(1) 压滤时，用力要适当，不可太猛太快，以免细菌被挤压通过滤膜。

(2) 整个过程应在无菌条件下严格无菌操作，以防污染。过滤时应避免各连接处出现渗透现象。

六、实验报告

1. 结果

记录无菌检查结果。

2. 思考题

(1) 你做的过滤除菌实验效果如何？如果经培养检查有杂菌生长，你认为是什么原因造成的？

(2) 如果你需要配制一种含有某抗生素的牛肉膏蛋白胨培养基，其抗生素的终浓度（或工作浓度）为 50μg/mL，你将如何操作？

(3) 过滤除菌应注意哪些问题？

第六章　微生物的测定

实验二十五　显微镜直接计数法

单细胞微生物个体生长时间较短，很快进入分裂繁殖阶段。因此，个体生长难以测定，除非特殊目的，否则单个微生物细胞生长测定实际意义不大。微生物的生长与繁殖（个体数目增加）是交替进行的，它们的生长一般不是依据细胞的大小，而是以繁殖，即群体的生长作为微生物生长的指标。

一、目的要求

（1）明确血细胞计数板计数的原理。

（2）掌握使用血细胞计数板进行微生物计数的方法。

二、实验原理

显微镜直接计数法是将小量待测样品的悬浮液置于一种特别的具有确定面积和容积的载玻片上（又称计菌器），于显微镜下直接计数的一种简便、快速、直观的方法。目前国内外常用的计菌器有：血细胞计数板、Peteroff-Hauser 计菌器以及 Hawksley 计菌器等，它们都可用于酵母、细菌、霉菌孢子等悬液的计数，基本原理相同。后两种计菌器由于盖上盖玻片后，总容积为 0.02mm^3，而且盖玻片和载玻片之间的距离只有 0.02mm。因此，可用油浸物镜对细菌等较小的细胞进行观察和计数。除了用这些计菌器外，还有在显微镜下直接观察涂片面积与视野面积之比的估算法，此法一般用于牛乳的细菌学检查。显微镜直接计数法的优点是直观、快速、操作简单。但此法的缺点是所测得的结果通常是死菌体和活菌体的总和。目前已有一些方法可以克服这一缺点，如结合活菌染色、微室培养（短时间）以及加细胞分裂抑制剂等方法来达到只计数活菌体的目的。本实验以血球计数板为例进行显微镜直接计数。另外，两种计菌器的使用方法可参看各厂商的说明书。

用血细胞计数板在显微镜下直接计数是一种常用的微生物计数方法。该计数板是一块特制的载玻片，其上由四条槽构成 3 个平台；中间较宽的平台又被一短横槽隔成两半，每一边的平台上各刻有一个方格网，每个方格网共分为九个大方格，中间的大方格即为计数室。血细胞计数板构造如图6-1所示。计数室的刻度一般有两种规格，一种是一个大方格分成25个中方格，而每个中方格又分成16个小方格（图6-2）；另一种是一个大方格分成16个中方格，而每个中方格又分成25个小方格，但无论是哪一种规格的计数板，每一个大方格中的小方格都是400个。每一个大方格边长为1mm，则每一个大方格的面积为$1mm^2$，盖上盖玻片后，盖玻片与载玻片之间的高度为0.1mm，所以计数室的容积为$0.1mm^3$（万分之一毫升）。

计数时，通常数五个中方格的总菌数，然后求得每个中方格的平均值，再乘上25或16，就得出一个大方格中的总菌数，然后再换算成1mL菌液中的总菌数。

设五个中方格中的总菌数为A，菌液稀释倍数为B，如果是25个中方格的计数板，则：

$$1\text{mL 菌液中的总菌数}=\frac{A}{5}\times25\times10^4\times B=50000A\cdot B\ (\text{个})$$

同理，如果是16个中方块的计数板，

$$1\text{mL 菌液中的总菌数}=\frac{A}{5}\times16\times10^4\times B=32000A\cdot B\ (\text{个})$$

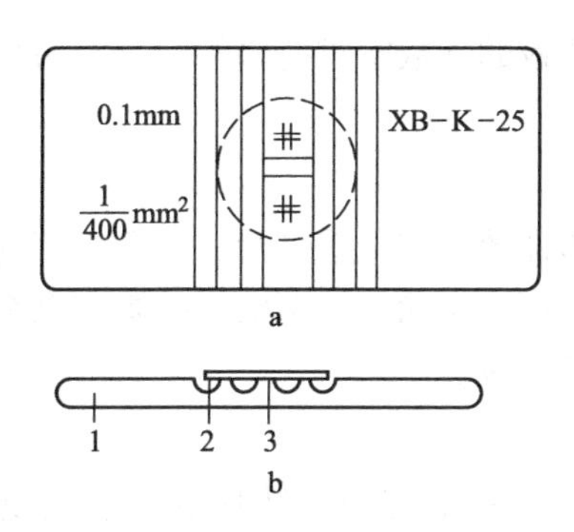

图6-1　血细胞计数板构造（一）

a—正面图；b—纵切面图

1—血细胞计数板；2—盖玻片；3—计数室

三、实验器材

（1）菌种：酿酒酵母。

（2）仪器或其他用具：血细胞计数板、显微镜、盖玻片、无菌毛细滴管。

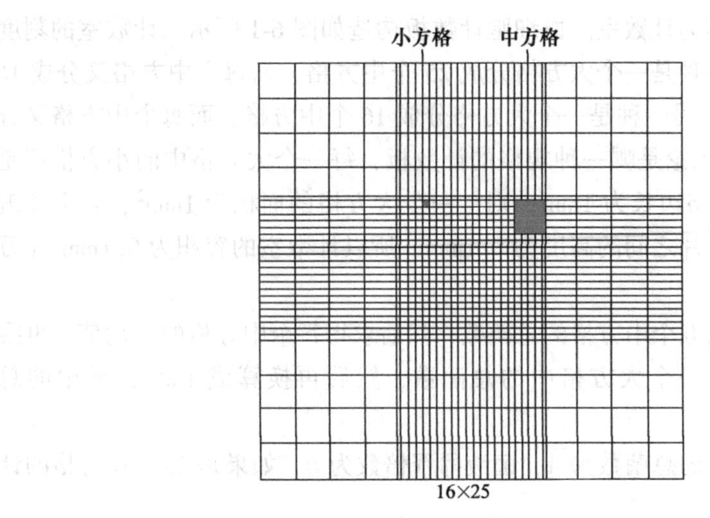

图 6-2 血细胞计数板构造（二）
（放大后的方格网，中间大方格为计数室）

四、操作步骤

1. 菌悬液制备

以无菌生理盐水将酿酒酵母制成浓度适当的菌悬液。

2. 镜检计数室

在加样前，先对计数板的计数室进行镜检。若有污物，则需清洗，吹干后才能进行计数。

3. 加样品

将清洁干燥的血细胞计数板盖上盖玻片，再用无菌的毛细滴管将摇匀的酿酒酵母菌悬液由盖玻片边缘滴一小滴，让菌液沿缝隙靠毛细渗透作用自动进入计数室，一般计数室均能充满菌液。

4. 显微镜计数

加样后静止5min，然后将血细胞计数板置于显微镜载物台上，先用低倍镜找到计数室所在位置，然后换成高倍镜进行计数。

在计数前若发现菌液太浓或太稀，需重新调节稀释度后再计数。一般样品稀释度要求每小格内约有5~10个菌体为宜。每个计数室选5个中格（可选4个角和中央的一个中格）中的菌体进行计数。位于格线上的菌体一般只数上方和右边线上的。如遇酵母出芽，芽体大小达到母细胞的一半时，即作为两个菌体计数。计数一个样品要从两个计数室中计得的平均数值来计算样品的含菌量。

5. 清洗血细胞计数板

使用完毕后，将血细胞计数板在水龙头上用水冲洗干净，切勿用硬物洗刷，洗完后自行晾干或用吹风机吹干。镜检，观察每小格内是否有残留菌体或其他沉淀物。若不干净，则必须重复洗涤至干净为止。

五、注意事项

（1）取样时先要摇匀菌液；加样时计数室不可有气泡产生。

（2）调节显微镜光线的强弱适当，对于用反光镜采光的显微镜还要注意光线不要偏向一边，否则视野中不易看清楚计数室方格线，或只见竖线或只见横线。

六、实验报告

1. 结果

实验结果见表6-1。

表6-1　实验结果填写表

	各中格中菌数					*A*	*B*	二室平均值	菌数/mL
	1	2	3	4	5				
第一室									
第二室									

将结果记录于表6-1中。*A*表示五个中方格中的总菌数；*B*表示菌液稀释倍数。

2. 思考题

（1）根据你的体会，说明用血细胞计数板计数的误差主要来自哪些方面，应如何尽量减少误差、力求准确？

（2）某单位要求知道一种干酵母粉中的活菌存活率，请设计1～2种可行的检测方法。

实验二十六　平板菌落计数法

一、目的要求

学习平板菌落计数的基本原理和方法。

二、实验原理

平板菌落计数法是将待测样品经适当稀释之后，其中的微生物充分分散成单个细胞，取一定量的稀释样液接种到平板上，经过培养，由每个单细胞生长繁殖而形成肉眼可见的菌落，即一个单菌落应代表原样品中的一个单细胞。统计菌落数，根据其稀释倍数和取样接种量即可换算出样品中的含菌数。但是，由于待测样品往往不易完全分散成单个细胞。所以，长成的一个单菌落也可能来自样品中的2~3或更多个细胞。因此平板菌落计数的结果往往偏低。为了清楚地阐述平板菌落计数的结果，现在已倾向使用菌落形成单位（colony-forming units，cfu）而不以绝对菌落数来表示样品的活菌含量。

平板菌落计数法虽然操作较繁，结果需要培养一段时间才能取得，而且测定结果易受多种因素的影响。但是，由于该计数方法的最大优点是可以获得活菌的信息，所以被广泛用于生物制品检验（如活菌制剂），以及食品、饮料和水（包括水源水）等的含菌指数或污染程度的检测。

三、实验器材

（1）菌种：大肠杆菌菌悬液。

（2）培养基：牛肉膏蛋白胨培养基。

（3）仪器或其他用具：1mL无菌吸管、无菌平皿、盛有4.5mL无菌水的试管、试管架、恒温培养箱等。

四、操作步骤

1. 编号

取无菌平皿9套，分别用记号笔标明10^{-4}、10^{-5}、10^{-6}（稀释度）各3套。另取6支盛有4.5mL无菌水的试管，依次标明是10^{-1}、10^{-2}、10^{-3}、10^{-4}、10^{-5}、10^{-6}。

2. 稀释

用1mL无菌吸管吸取1mL已充分混匀的大肠杆菌菌悬液（待测样品），精确地放0.5mL至10^{-1}的试管中，此即为10倍稀释。将多余的菌液放回原菌液中。

将10^{-1}试管置试管振荡器上振荡，使菌液充分混匀。另取一支1mL吸管插入10^{-1}试管中来回吹吸菌悬液三次，进一步将菌体分散、混匀。吹吸菌液时不要太猛太快，吸时吸管伸入管底，吹时离开液面，以免将吸管中的过滤棉花浸湿或使试管内液体外溢。用此吸管吸取10^{-1}菌液1mL，精确地放0.5mL至10^{-2}试管中，此即为100倍稀释。其余依次类推，整个过程见图6-3。

3. 取样

用三支1mL无菌吸管分别吸取10^{-4}、10^{-5}和10^{-6}的稀释菌悬液各1mL，对号放入编好号的无菌平皿中，每个平皿放0.2mL。

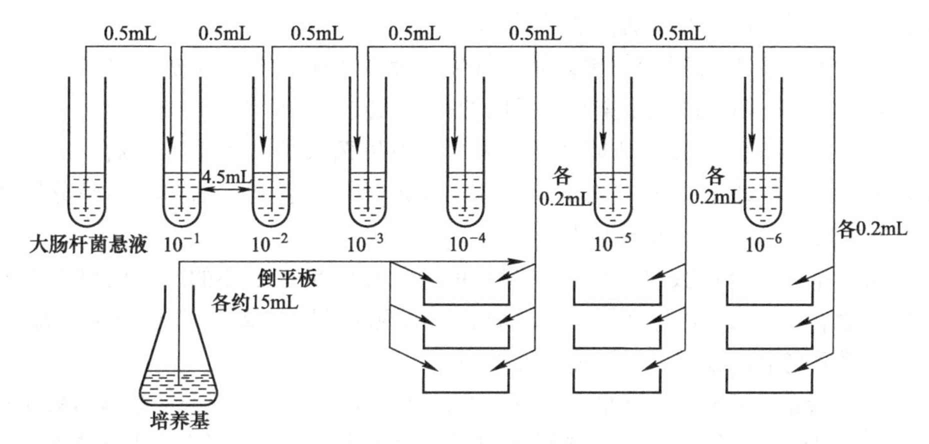

图 6-3　平板菌落技术操作步骤

4. 倒平板

尽快向上述盛有不同稀释度菌液的平皿中倒入融化后冷却至 45℃左右的牛肉膏蛋白胨培养基约 15mL/平皿，置水平位置迅速旋动平皿，使培养基与菌液混合均匀，而又不使培养基荡出平皿或溅到平皿盖上。

待培养基凝固后，将平板倒置于 37℃恒温培养箱中培养。

5. 计数

培养 48h 后，取出培养平板，算出同一稀释度 3 个平板上的菌落平均数，并按下列公式进行计算：

每毫升中菌落形成单位（cfu）= 同一稀释度三次重复的平均菌落数×稀释倍数×5。

一般选择每个平板上长有 30~300 个菌落的稀释度计算每毫升的含菌量较为合适。同一稀释度的 3 个重复对照的菌落数不应相差很大，否则表示试验不精确。实际工作中同一稀释度重复对照平板不能少于 3 个，这样便于数据统计，减少误差。由 10^{-4}、10^{-5}、10^{-6} 3 个稀释度计算出的每毫升菌液中菌落形成单位数也不应相差太大。

平板菌落计数法的操作除上述倾注倒平板的方式以外，还可以用涂布平板的方式进行。二者操作基本相同，所不同的是后者先将牛肉膏蛋白胨培养基融化后倒平板，待凝固后编号，并于 37℃左右的温箱中烘烤 30min，或在超静工作台上适当吹干，然后用无菌吸管吸取稀释好的菌液对号接种于不同稀释度编号的平板上，并尽快用无菌玻璃涂棒将菌液在平板上涂布均匀，平放于实验台上 20~30min，使菌液渗入培养基表层内，然后倒置 37℃的恒温箱中培养 24~48h。

五、注意事项

(1) 放菌液时吸管尖不要碰到液面，即每一支吸管只能接触一个稀释度的菌悬液。否则，稀释不精确，结果误差较大。

（2）不要用1mL吸管每次只靠吸管尖部吸0.2mL稀释菌液放入平皿中，这样容易加大同一稀释度几个重复平板间的操作误差。

（3）由于细菌易吸附到玻璃器皿表面，所以菌液加入到培养皿后，应尽快倒入融化并已冷却至45℃左右的培养基，立即摇匀。否则，细菌将不易分散或长成的菌落连在一起，影响计数。

（4）平板菌落计数法，所选择倒平板的稀释度是很重要的。一般以三个连续稀释度中的第二个稀释度倒平板培养后所出现的平均菌落数在50个左右为好。否则，要适当增加或减少稀释度加以调整。

（5）涂布平板的菌悬液量一般以0.1mL较为适宜，如果过少，菌落不易涂布开；过多则在涂布完后或在培养时菌液仍会在平板表面流动，不易形成单菌落。

六、实验报告

将培养后菌落计数结果见表6-2。

表6-2 培养后菌落计数结果

稀释度	10^{-4}				10^{-5}				10^{-6}			
	1	2	3	平均	1	2	3	平均	1	2	3	平均
cfu数/平板												
每毫升中的cfu数												

七、思考题

（1）为什么融化后的培养基要冷却至45℃左右才能倒平板？

（2）要使平板菌落计数准确，需要掌握哪几个关键？为什么？

（3）试比较平板菌落计数法和显微镜下直接计数法的优缺点及应用。

（4）当你的平板上长出的菌落不是均匀分散的而是集中在一起时，你认为问题出在哪里？

（5）用倒平板法和涂布法计数，其平板上长出的菌落有何不同，为什么要培养较长时间（48h）后观察结果？

实验二十七 多管发酵法测定水中大肠菌群

一、实验目的

（1）学习测定水中大肠菌群数量的多管发酵法。

(2) 了解大肠菌群的数量在饮水中的重要性。

二、实验原理

多管发酵法包括初（步）发酵试验、平板分离和复发酵试验三个部分。

1. 初（步）发酵试验

发酵管内装有乳糖蛋白胨液体培养基，并倒置一德汉氏小套管。乳糖能起选择作用，因为很多细菌不能发酵乳糖，而大肠菌群能发酵乳糖而产酸产气。为便于观察细菌的产酸情况，培养基内加有溴甲酚紫作为pH指示剂，细菌产酸后，培养基即由原来的紫色变为黄色。溴甲酚紫还有抑制其他细菌如芽胞菌生长的作用。

水样接种于发酵管内，37℃下培养，24h内小套管中有气体形成，并且培养基混浊，颜色改变，说明水中存在大肠菌群，为阳性结果，但也有个别其他类型的细菌在此条件下也可能产气；此外产酸不产气的也不能完全说明是阴性结果。在量少的情况下，也可能延迟到48h后才产气，此时应视为可疑结果。因此，以上两种结果均需继续做下面两部分实验，才能确定是否是大肠菌群。48h后仍不产气的为阴性结果。

2. 平板分离

平板培养基一般使用复红亚硫酸钠琼脂（远藤氏培养基，Endo's medium）或伊红美蓝琼脂（eosin methylene blueagar，EMB agar），前者含有碱性复红染料，在此作为指示剂，它可被培养基中的亚硫酸钠脱色，使培养基呈淡粉红色，大肠菌群发酵乳糖后产生的酸和乙醛即和复红反应，形成深红色复合物，使大肠菌群菌落变为带金属光泽的深红色。亚硫酸钠还可抑制其他杂菌的生长。伊红美蓝琼脂平板含有伊红与美蓝染料，在此亦作为指示剂，大肠菌群发酵乳糖造成酸性环境时，该两种染料即结合成复合物，使大肠菌群产生与远藤氏培养基上相似的、带核心的、有金属光泽的深紫色（龙胆紫的紫色）菌落。初发酵管24h内产酸产气和48h产酸产气的均需在以上平板上划线分离菌落。

3. 复发酵试验

以上大肠菌群阳性菌落，经涂片染色为革兰氏阴性无芽胞杆菌者，通过此试验再进一步证实。原理与初发酵试验相同，经24h培养产酸又产气的，最后确定为大肠菌群阳性结果。

三、器材

乳糖蛋白胨发酵管（内有倒置小套管）、三倍浓缩乳糖蛋白胨发酵管（瓶）（内有倒置小套管）、伊红美蓝琼脂平板、灭菌水、载玻片、灭菌带玻璃塞空瓶、灭菌吸管、灭菌试管等。

四、操作步骤

1. 水样的采取

先将自来水龙头用火焰烧灼 3min 灭菌，再开。

2. 自来水检查

（1）初（步）发酵试验在 2 个含有 50mL 三倍浓缩的乳糖蛋白胨发酵烧瓶中，各加入 100mL 水样。在 10 支含有 5mL 三倍浓缩乳糖蛋白胨发酵管中，各加入 10mL 水样。混匀后，37℃培养 24h，24h 未产气的继续培养至 48h。

（2）平板分离经 24h 培养后，将产酸产气及 48h 产酸产气的发酵管（瓶），分别划线接种于伊红美蓝琼脂平板上，再于 37℃下培养 18~24h，将符合下列特征的菌落的一小部分，进行涂片，革兰氏染色，镜检。

1）深紫黑色、有金属光泽。

2）紫黑色、不带或略带金属光泽。

3）淡紫红色、中心颜色较深。

（3）复发酵试验经涂片、染色、镜检，如为革兰氏阴性无芽孢杆菌，则挑取该菌落的另一部分，重新接种于普通浓度的乳糖蛋白胨发酵管中，每管可接种来自同一初发酵管的同类型菌落 1~3 个，37℃培养 24h，结果若产酸又产气，即证实有大肠菌群存在。

证实有大肠菌群存在后，再根据初发酵试验的阳性管（瓶）数查表 6-3，即得大肠菌群数。

表 6-3 大肠菌群检数表

100mL 水量的阳性管数 / 10mL 水量的阳性管数	0	1	2
	每升水样中大肠菌群数	每升水样中大肠菌群数	每升水样中大肠菌群数
0	<3	4	11
1	3	8	18
2	7	13	27
3	11	18	38
4	14	24	52
5	18	30	70
6	22	36	92
7	27	43	120
8	31	51	161

续表 6-3

100mL 水量的阳性管数 / 10mL 水量的阳性管数	0	1	2
	每升水样中大肠菌群数	每升水样中大肠菌群数	每升水样中大肠菌群数
9	36	60	230
10	40	69	>230

注：接种水样总量 300mL（100mL 2 份，10mL 10 份）

3. 池水、河水或湖水等的检查

（1）将水样稀释成 10^{-1}与 10^{-2}。

（2）分别吸取 1mL 10^{-2}、10^{-1}的稀释水样和 1mL 原水样，各入装有 10mL 普通浓度乳糖蛋白胨发酵管中。另取 10mL 和 100mL 原水样，分别注入装有 5mL 和 50mL 三倍浓缩乳糖蛋白胨发酵液的试管（瓶）中。

（3）以下步骤同上述自来水的平板分离和复发酵试验。

（4）将 100、10、1、0.1（10^{-1}）mL 水样的发酵管结果查表 6-4，将 10mL、1mL、0.1(10^{-1}）mL、0.01(10^{-2}）mL 水样的发酵管结果查表 6-5，即得每毫升水样中的大肠菌群数。

表 6-4　大肠菌群检数表

接种水样量/mL				每升水样中大肠菌群数
100	10	1	0.1	
−	−	−	−	<9
−	−	−	+	9
−	−	+	−	9
−	+	−	−	9.5
−	−	+	+	18
−	+	−	+	19
−	+	+	−	22
+	−	−	−	23
−	+	+	+	28
+	−	−	+	92
+	−	+	−	94
+	−	+	+	180
+	+	−	−	230
+	+	−	+	960
+	+	+	−	2380
+	+	+	+	>2380

注：1. 接种水样总量 111.1mL（100mL、10mL、1mL、0.1mL 各 1 份）；

2. “+”大肠菌群发酵阳性；

3. “−”大肠菌群发酵阴性。

表 6-5 大肠菌群检数表

接种水样量/mL				每升水样中大肠菌群数
10	1	0.1	0.01	
−	−	−	−	<90
−	−	−	+	90
−	−	+	−	90
−	+	−	−	95
−	−	+	+	180
−	+	−	+	190
−	+	+	−	220
+	−	−	−	230
−	+	+	+	280
+	−	−	+	920
+	−	+	−	940
+	−	+	+	1800
+	+	−	−	2300
+	+	−	+	9600
+	+	+	−	23800
+	+	+	+	23800

注：1. 接种水样总量 11.11mL（10mL、1mL、0.1mL、0.01mL 各 1 份）；

2. “+” 发酵阳性；

3. “−” 发酵阴性。

五、实验报告

实验结果

（1）自来水。

100mL 水样的阳性管数是多少？

10mL 水样的阳性管数是多少？

查表 6-1 得每升水样中大肠菌群数是多少？

（2）池水、河水或湖水。

阳性结果记 “+”；阴性结果记 “−”。

查表 6-4 得每升水样中大肠菌群数是多少？

查表 6-5 得每升水样中大肠菌群数是多少？

发酵结果填入表 6-6。

表 6-6　发酵结果

水样管/mL	发酵结果
100	
10	
1	
0.1	
0.01	

六、思考题

（1）大肠菌群的定义是什么？
（2）为什么要选择大肠菌群作为水源被肠道病原菌污染的指示菌？
（3）EMB 培养基含有哪几种主要成分？在检查大肠菌群时，各起什么作用？
（4）经检查，水样是否合乎饮用标准？

实验二十八　滤膜法测定水中大肠菌群

一、实验目的

学习使用滤膜法测定水中大肠菌群。

二、实验原理

滤膜法是采用滤膜过滤器过滤水样，使其中的细菌截留在滤膜上，然后将滤膜放在适当的培养基上进行培养，大肠菌群可直接在膜上生长，从而可直接计数。所用滤膜是一种多孔硝化纤维膜或乙酸纤维膜，其孔径约 0.45μm。

三、试剂与器材

无菌水，河水或湖水；
伊红美蓝琼脂培养基：蛋白胨 10g、乳糖 10g、K_2HPO_4 2g、伊红 Y 0.4g、美蓝 0.065g、琼脂 20g、水 1000mL、pH 7.2。
器材：灭菌过滤器（可用高压蒸汽灭菌）、镊子、滤膜、烧杯等。

四、实验内容

（1）滤膜灭菌。将滤膜放入装有蒸馏水的烧杯中，加热煮沸 15min，共煮沸三次，前两次煮沸后换水洗涤2~3次再煮，以洗去滤膜上残留的溶剂。

（2）滤膜过滤器装置。滤膜过滤器装置见图6-4、图6-5。

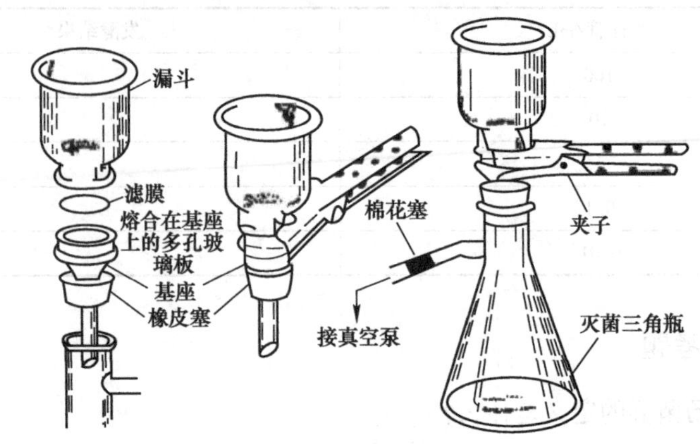

图6-4　滤膜过滤器装置

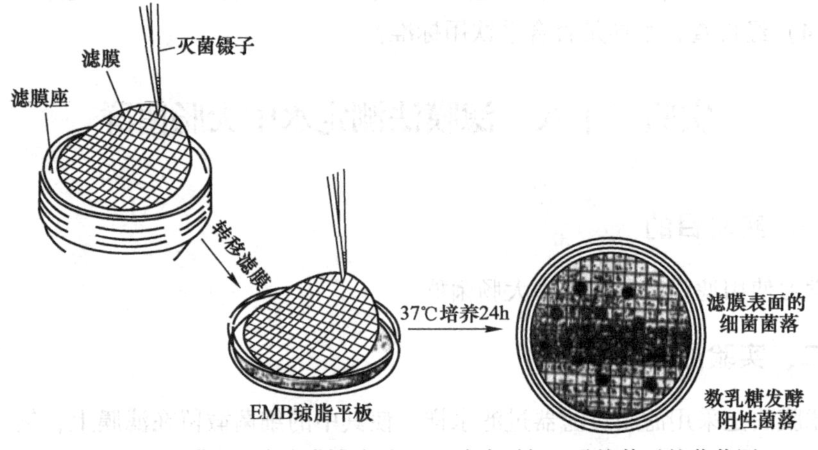

图6-5　从滤膜座上将滤膜转移到EMB琼脂平板上及培养后的菌落图

滤器基座、滤膜、漏斗和抽滤瓶按图6-4装配好。其中，滤膜用灭菌镊子（浸在95%乙醇内，用时通过火焰灭菌）移至过滤器的基座上。其他可直接用手或夹钳操作，但不要碰到伸入抽滤瓶的橡皮塞部分，以免染菌。

（3）加水样过滤。对未知的水样可做三个稀释度，选择菌落数合适的稀释度进行计算。用针筒取河水或湖水10mL，缓慢过滤。

（4）滤完后，加入等量的灭菌水继续抽滤，目的是冲洗针筒壁。

（5）滤毕，用灭菌镊子取滤膜边缘，将没有细菌的一面紧贴在伊红美蓝琼脂平板上。滤膜与培养基之间不得有气泡。

（6）将平板倒置于37℃下培养22~24h。

（7）挑取符合大肠菌群菌落特征（红色，有金属光泽）的菌落，进行革兰氏染色、镜检。

（8）计算。

1 升水样中的大肠菌群数=滤膜上的大肠菌群菌落数×10。

五、数据记录

（1）根据你所做的实验结果，描写滤膜上的大肠杆菌群菌落的外观。

（2）滤膜上的大肠菌群菌落数________。

（3）1L 水样中的大肠菌群数________。

六、思考题

（1）一升水样中的大肠菌群数是多少？

（2）滤膜法检查大肠菌群有什么优点？

（3）应用滤膜法除了可以检查水中细菌以外，还可以应用于微生物学的哪些方面？试举一例说明。

实验二十九　大肠杆菌生长曲线的制作

一、目的要求

（1）了解光电比浊计数法的原理。

（2）了解细菌生长曲线特点及测定原理。

二、实验原理

1. 光电比浊计数法原理

当光线通过微生物菌悬液时，由于菌体的散射及吸收作用使光线的透过量降低。在一定的范围内，微生物细胞浓度与透光度成反比，与光密度成正比，而光密度或透光度可以由光电池精确测出（图 6-6）。因此，可用一系列已知菌数的菌悬液测定光密度（OD），作出光密度——菌数标准曲线。然后，以样品液所测得的光密度，从标准曲线中查出对应的菌数。制作标准曲线时，菌体计数可采用血细胞计数板计数，平板菌落计数（见实验二十七、二十八）或细胞干重测定等方法。

光电比浊计数法的优点是简便、迅速，可以连续测定，适合于自动控制。但是，由于光密度或透光度除了受菌体浓度影响之外，还受细胞大小、形态、培养液成分以及所采用的光波长等因素的影响。因此，对于不同微生物的菌悬液进行光电比浊计数应采用相同的菌株和培养条件制作标准曲线。光波的选择通常在

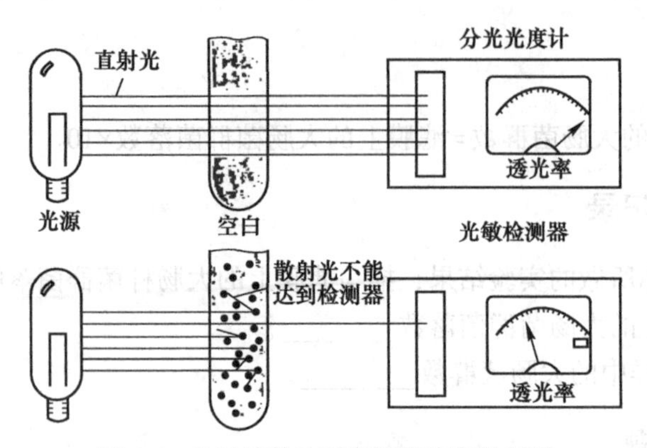

图 6-6 比浊计数法测定细胞浓度的原理

400~700nm 之间，具体到某种微生物采用多少，还需要经过最大吸收波长以及稳定性试验来确定。另外，对于颜色太深的样品或在样品中还含有其他干扰物质的悬液不适合用此法进行测定。

2. 细菌生长曲线特点及测定原理。

大多数细菌的繁殖速率很快，在合适的条件下，一定时期的大肠杆菌细胞每 20min 分裂一次。将一定量的细菌转入新鲜液体培养基中，在适宜的条件下培养细胞要经历延迟期、对数期、稳定期和衰亡期 4 个阶段。以培养时间为横坐标，以细菌数目的对数或生长速率为纵坐标作图所绘制的曲线称为该细菌的生长曲线。不同的细菌在相同的培养条件下其生长曲线不同，同样的细菌在不同的培养条件下所绘制的生长曲线也不相同。测定细菌的生长曲线，了解其生长繁殖规律，这对人们根据不同的需要，有效地利用和控制细菌的生长具有重要意义。

本实验用分光光度计（spectrophotometer）进行光电比浊计数法测定不同培养时间细菌悬浮液的 OD 值，绘制生长曲线。也可以直接用试管或带有测定管的三角瓶（图 6-7）测定“klett units”值的光度计。如图 6-8 所示，只要接种 1 支试管或 1 个带测定管的三角瓶，在不同的培养时间（横坐标）取样测定，以测得的 klett units 为纵坐标，便可很方便地绘制出细菌的生长曲线。如果需要，可根据公式 1 klett units = OD/0. 002 换算出所测菌悬液的 OD 值。

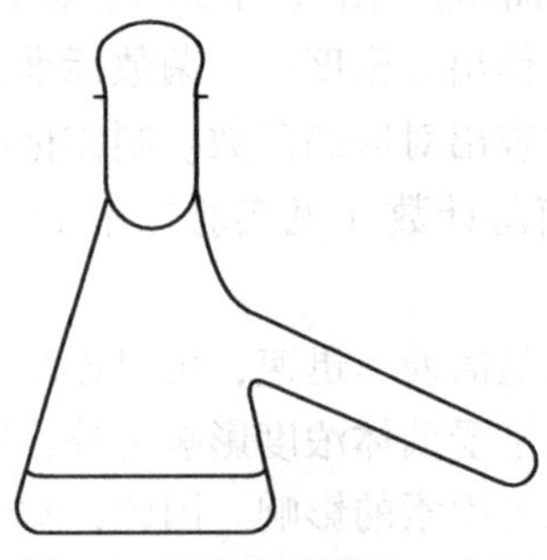

图 6-7 带侧壁试管的三角瓶

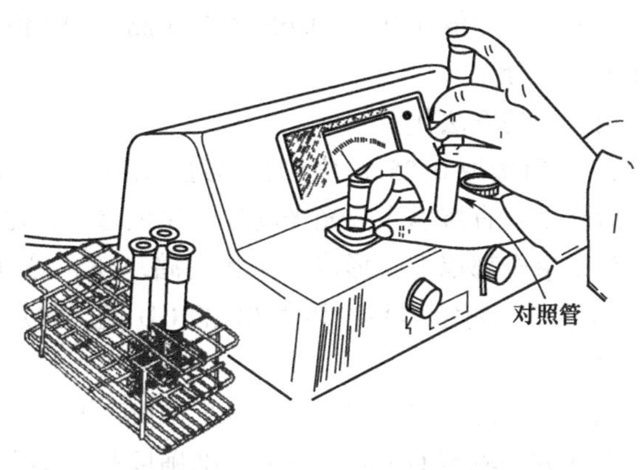

图 6-8　直接用试管测 OD 值

三、实验器材

（1）菌种：大肠杆菌

（2）培养基：LB 液体培养基 70mL，分装 2 支大试管（5mL/支），剩余 60mL 装入 250mL 的三角瓶。

（3）仪器或其他工具：722 型分光光度计，水浴震荡摇床，无菌试管，无菌吸管等。

四、实验步骤

1. 标记

取 11 支无菌大试管，用记号笔分别标明培养时间，即 0h、1. 5h、3h、4h、6h、8h、10h、12h、14h、16h 和 20h。

2. 接种

分别用 5mL 无菌吸管吸取 2. 5mL 大肠杆菌过夜培养液（培养 10~12h）转入盛有 50mL LB 液的三角瓶内，混合均匀后分别取 5mL 混合液放入上述标记的 11 支无菌大试管中。

3. 培养

将已接种的试管置摇床 37℃振荡培养（振荡频率 250r/min），分别培养 0h、1. 5h、3h、4h、6h、8h、10h、12h、14h、16h 和 20h，将标有相应时间的试管取出，立即放冰箱中储存，最后一同比浊测定其光密度值。

4. 比浊测定

用未接种的 LB 液体培养基作空白对照，选用 600nm 波长进行光电比浊测定。从早取出的培养液开始依次测定，对细胞密度大的培养液用 LB 液体培养基适当稀释后测定，使其光密度值在 0.1～0.65 之内（测定 OD 值前，将待测定的培养液振荡，使细胞均匀分布）。

本操作步也可用简便的方法代替。

（1）用 1mL 无菌吸管吸取 0.25mL 大肠杆菌过夜培养液转入盛有 3～5mL LB 液的试管中、混匀后将试管直接插入分光光度计的比色槽中，比色槽上方用自制的暗盒将试管及比色暗室全部罩上，形成一个大的暗环境，另以 1 支盛有 LB 液但没有接种的试管调零点，测定样品中培养 0h 的 OD 值。测定完毕后，取出试管置 37℃继续振荡培养。

（2）分别在培养 0h、1.5h、3h、4h、6h、8h、10h、12h、14h、16h 和 20h，取出培养物试管按上述方法测定 OD 值。该方法准确度高、操作简便。但须注意的是使用的 2 支试管要很干净，其透光程度愈接近，测定的准确度愈高。

五、实验报告

（1）将测定的 OD600 填入表 6-7。

表 6-7 OD600 的测定结果

培养时间/h	对照	0	1.5	3	4	6	8	10	12	14	16	20
光密度值 OD600												

（2）绘制大肠杆菌的生长曲线见图 6-9。

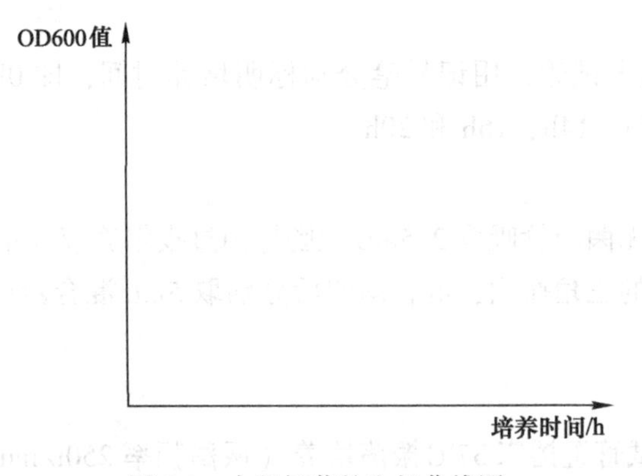

图 6-9 大肠杆菌的生长曲线图

六、思考题

（1）光电比浊计数的原理是什么？这种计数法有何优缺点？

（2）光电比浊计数在生产实践中有何应用价值？

（3）如果用活菌计数法制作生长曲线，你认为会有什么不同？两者各有什么优缺点？

（4）细菌生长繁殖所经历的四个时期中，哪个时期其代时最短？若细胞密度为 10^3/mL，培养 4. 5h 后，其密度高达 2×10VmL，请计算出其代时。

（5）次生代谢产物的大量积累在哪个时期？根据细菌生长繁殖的规律，采用哪些措施可使次生代谢产物积累更多？

实验三十　水中细菌总数和大肠杆菌检测

一、实验目的

（1）以测定公园河流水的细菌总数和大肠菌群的数量，来测定特定地点的水质情况。

（2）介绍一种通用的方法来检测水源的健康指标，判定水体的质量。

（3）实验点水源作出定性的评价，以及关于试验中如何提高梯度重复的精度的分析。

二、实验原理

各种天然水中常含有一定数量的微生物。水中细菌总数往往同水体受有机污染程度呈正相关，因而是评价水质污染程度的重要指标之一。细菌总数是指 1mL 水样中所含细菌菌落的总数［cfu/g（mL）］，可用稀释平板计数法检测。水中大肠菌群的数量可用来判断水源是否被粪便污染，并可间接推测水源受肠道病原菌污染的可能。

特征：G-无芽孢杆菌，兼性厌氧、在 37℃ 24h 内能发酵乳糖产酸、产气。

多管发酵法：

初发酵：适当稀释样品，乳糖发酵培养，产酸产气；

分离培养：伊红美蓝（EMB）平板上划线分离，出现紫色、粉红色特征性菌落；

复发酵验证：挑取特征性菌落进行乳酸复发酵验证。

三、实验器材

牛肉膏蛋白胨琼脂培养基：用于水中细菌总数测定。

牛肉膏 5g，蛋白胨 10g，NaCl 5. 0g，琼脂 8g，蒸馏水 1000mL，pH 7. 0。

乳糖胆盐蛋白胨培养基：用于初发酵。

单倍液 1×：蛋白胨 20g、牛胆盐 5g、乳糖 10g、0. 04%溴甲酚紫水溶液 25mL

(调 pH 值后加)、水 1000mL、pH 7.2~7.4。

3 倍浓缩液 (3×):除水以外,其余成分取 3 倍用量。

分装:1×的培养基分装 9mL/管,3×的培养基分装 5mL/管或 50mL/瓶,均装上德汉氏小管。

灭菌条件:115℃,15min。

EMB 培养基:用于大肠菌群菌落鉴定。

脱水培养基:按说明书操作,水用量为 90%。

水源:重庆文理学院 B 区湖水。

仪器:高压灭菌锅、无菌培养皿、试管、吸管、接种环、德汉氏小管、温箱、载玻片、酒精灯、显微镜等。

试剂:蛋白胨 10g、乳糖 10g、磷酸氢二钾 2g、伊红美蓝琼脂 15g、蒸馏水 1000mL。

四、实验步骤

(1) 相关器械的灭菌操作,以及前往取少量的样品水。

(2) 按照上述的配料,无菌操作配置培养基。

(3) 细菌总数的测定:取上述样品水,一次稀释 10^{-1},10^{-2},10^{-3},3 个浓度。对于每个浓度,取 1mL 稀释液加入冷却好的牛肉膏蛋白胨培养基中,立即混匀,每个浓度重复一次。将平皿倒置培养在 37℃的温箱 24h,计算平皿的细菌总数。

(4) 大肠菌群的测定:将样品水稀释成 10^{0},10^{-1},10^{-2},3 个梯度。

五、注意事项

由于本实验是一个检测的实验,存在一个严格灭菌的过程。从采样,到最后的分析,整个过程不仅不能让其他杂菌污染,而且还得保证样品中本身细菌的总数基本不损失。

(1) 采样的器械必须是经过严格灭菌的,而且其本身的构造不会对微生物的生存造成威胁。

(2) 由于样品会处于密闭的过程,水中的含氧量会慢慢降低,所以对样品的处理应该尽快处理。

(3) 对于样品的稀释不应该用蒸馏水,而应该用灭菌的生理盐水,防止细菌吸水裂解死亡。

(4) 整个接种的操作必须正确,不能杀死细菌,或者引入其他杂菌。

六、实验报告

1. 菌落总数（表 6-8）

表 6-8　菌落总数表

组别	稀释浓度及菌落数			平板菌落状况	报告方式选取	菌落总数（cfu/g，cfu/mL）
	10^{-1}	10^{-2}	10^{-3}			
1	12	0	0	均小于 30	最低稀释度下菌落数×稀释倍数	8. 0×10
2	4	0	0			
平均	8	0	0			

2. 大肠菌群总数（表 6-9）

表 6-9　大肠菌群总数

实验结果		原溶液	10^{-1}	10^{-2}	ck
初发酵	产酸	+ + + + +			−
	产气	+ + + + +			−
EMB	紫黑色	+ + + + +			−
	粉红色				−
革兰氏染色	G^-	+ + + + +			− −
结论		+ + + + +			0
阳性管数		5	0	0	

3. EMB 数据值计算

查表可得，$MPN = MPN指数 \times \dfrac{10mL}{接种量最大的一管的水样 mL}$

接种量最大的管：1mL。

每 100mL 水样中菌数最大可能值：230。

95%可信限值：上限：700，下限：70。

水样的分析得出这样的结果：细菌总数：80 个/mL。

大肠菌群数：2300 个/L。

大肠菌群数占细菌总数：2.88%。

根据我国《生活饮用水卫生标准》（GB 5750—2006）规定，细菌总数不超过 100 个，已达标。

大肠菌群不得超过 1000 个，超标。

经过严格的消毒处理，大肠杆菌不超过 10000 个，水样达标。

结论：从上述的水样分析，我们可以得出此处的河流水污染不是很严重，作为景观水，已经达到了标准。但是，此类水是不能作为饮用水的，可能存在一些粪便的污染，导致大肠菌群的数量过高，倘若经过严格的消毒灭菌，才能饮用。

七、思考题

（1）大肠菌群的定义是什么，为什么要选择大肠菌群作为水源被肠道病原菌污染的指示菌？

（2）EMB 培养基含有哪几种主要成分，在检查大肠菌群时各起什么作用？

第七章　微生物的生理生化反应

实验三十一　细菌鉴定中常用的生理生化反应

一、实验目的

（1）了解细菌生理生化反应原理，掌握细菌鉴定中常用的生理生化反应的测定方法。

（2）通过不同细菌对不同含碳、含氮化合物的分解利用情况，了解细菌碳、氮代谢类型的多样性。

（3）了解细菌在不同培养基中的不同生长现象及其代谢产物在鉴别细菌中的意义。

二、实验原理

各种细菌所具有的酶系统不尽相同，对营养基质的分解能力也不同，因而代谢产物或多或少地各有区别，可供鉴别细菌之用。用生化试验的方法检测细菌对各种基质的代谢作用及其代谢产物，从而鉴别细菌的种属，称之为细菌的生化反应。

（1）靛基质（吲哚）试验。某些细菌，如大肠杆菌，能分解蛋白质中的色氨酸，产生靛基质（吲哚），靛基质与对二甲基氨基苯甲醛结合，形成玫瑰色靛基质（红色化合物）。

（2）硫化氢试验。某些组菌能分解含硫的氨基酸，产生硫化氢，硫化氢与培养基中的铅盐或铁盐，形成黑色沉淀硫化铅或硫化铁。为硫化氯试验阳性，可借以鉴别细菌。

（3）柠檬酸盐的利用实验。柠檬酸盐培养基系一综合性培养基，其中柠檬酸钠为碳的唯一来源。而磷酸二氢铵是氮的唯一来源，有的细菌如产气杆菌，能利用柠檬酸钠为碳源。因此，能在柠檬酸盐培养基上生长，并分解柠檬酸盐后产生碳酸盐，使培养基变为碱性。此时培养基中的溴麝香草酚蓝指示剂由绿色变为深蓝色。不能利用柠檬酸盐为碳源的细菌，在该培养基上不生长，培养基不变色。

三、实验器材

(1) 试管：每份每个试验2根试验，1根对照。

(2) 无菌器皿：每份2个。

(3) 杜氏小管：每份6个。

(4) 接种环、酒精灯、试管架、记号笔。

(5) 37℃恒温培养箱、20℃恒温培养箱（室温代替）。

(6) 微生物材料：大肠杆菌、变形杆菌、枯草杆菌、产气杆菌这四种菌种的斜面各1支。

(7) 试剂：甲基红试剂、吲哚试剂。

四、实验步骤

(1) 靛基质（吲哚）试验。将被检菌接种到胰蛋白胨水培养基中，37℃培养24~48h后，沿试管壁滴加数滴吲哚试剂于培养物液面，观察结果。出现红色者则为阳性，出现黄色则为阴性。

(2) 硫化氢试验。将大肠杆菌和变形杆菌以接种针穿刺接种到醋酸铅或柠檬酸铁氨培养基中，37℃培养24h，观察结果，若有黑色出现则为阳性。

(3) 柠檬酸盐利用试验。取少量被检菌接种到柠檬酸盐培养基上，37℃培养24h后，观察结果。培养基变深蓝色者为阳性；培养基不变色，则继续培养7天，培养基仍不变色者为阴性。

五、注意事项

操作必须正确，注意培养时间及其温度控制。

六、实验报告

记录上述各试验结果。

七、思考题

在吲哚试验和硫化氢试验中细菌各分解何种氨基酸？

实验三十二　大分子物质的水解试验

一、实验目的

(1) 证明不同微生物对各种有机大分子的水解能力不同，从而说明不同微生物有着不同的酶系统。

（2）掌握进行微生物大分子水解试验的原理和方法。

二、实验原理

微生物对大分子的淀粉、蛋白质和脂肪不能直接利用，必须靠产生的胞外酶将大分子物质分解才能被微生物吸收利用。胞外酶主要为水解酶，通过加水裂解大的物质为较小的化合物，使其能被运输至细胞内。如淀粉酶水解淀粉为小分子的糊精、双糖和单糖；脂肪酶水解脂肪为甘油和脂肪酸；蛋白酶水解蛋白质为氨基酸等。这些过程均可通过观察细菌菌落周围的物质变化来证实：淀粉遇碘液会产生蓝色；但细菌水解淀粉的区域，用碘测定不再产生蓝色，表明细菌产生淀粉酶。脂肪水解后产生脂肪酸可改变培养基的 pH 值，使 pH 值降低，加入培养基的中性红指示剂会使培养基从淡红色变为深红色，说明胞外存在着脂肪酶。

微生物可以利用各种蛋白质和氨基酸作为氮源外，当缺乏糖类物质时，也可用它们作为碳源和能源。明胶是由胶原蛋白经水解产生的蛋白质，在 25℃ 以下可维持凝胶状态，以固体形式存在。而在 25℃ 以上明胶就会液化。有些微生物可产生一种称作明胶酶的胞外酶，水解这种蛋白质，而使明胶液化，甚至在 4℃ 仍能保持液化状态。

尿素是由大多数哺乳动物消化蛋白质后被分泌在尿中的废物。尿素酶能分解尿素释放出氨，这是一个分辨细菌很有用的诊断实验。尽管许多微生物都可以产生尿素酶，但它们利用尿素的速度比变形杆菌属的细菌要慢，因此尿素酶试验被用来从其他非发酵乳糖的肠道微生物中快速区分这个属的成员。尿素琼脂含有蛋白胨，葡萄糖，尿素和酚红。酚红在 pH 值为 6.8 时为黄色，而在培养过程中，产生尿素酶的细菌将分解尿素产生氨，使培养基的 pH 值升高，在 pH 值升至 8.4 时，指示剂就转变为深粉红色。

三、实验器材

（1）菌种：枯草芽胞杆菌、大肠杆菌、金黄色葡萄球菌、铜绿假单胞菌、普通变形杆菌。

（2）培养基：固体油脂培养基、固体淀粉培养基、明胶培养基试管、石蕊牛奶试管、尿素琼脂试管。

（3）溶液或试剂：革兰氏染色用卢戈氏碘液。

（4）仪器或其他用具：无菌平板、无菌试管、接种环、接种针、试管架。

四、操作步骤

1. 淀粉水解试验

(1) 将固体淀粉培养基溶化后冷却至50℃左右，无菌操作制成平板。

(2) 用记号笔在平板底部划成四部分。

(3) 将枯草芽孢杆菌、大肠杆菌、金黄色葡萄球菌、铜绿假单胞菌分别在不同的部分划线接种，在平板的反面分别在四部分写上菌名。

(4) 将平板倒置在37℃温箱中培养24h。

(5) 观察各种细菌的生长情况，将平板打开盖子，滴入少量Lugol's碘液于平皿中，轻轻旋转平板，使碘液均匀铺满整个平板。

(6) 如菌苔周围出现无色透明圈，说明淀粉已被水解，为阳性。透明圈的大小可初步判断该菌水解淀粉能力的强弱，即产生胞外淀粉酶活力的能力低。

2. 油脂水解试验

(1) 将溶化的固体油脂培养基冷却至50℃左右时，充分摇荡，使油脂均匀分布。无菌操作倒入平板，待凝。

(2) 用记号笔在平板底部划成四部分，分别标上菌名。

(3) 将枯草芽孢杆菌、大肠杆菌、金黄色葡萄球菌、铜绿假单胞菌分别用无菌操作划十字接种于平板的相对应部分的中心。

(4) 将平板倒置，于37℃温箱中培养24h。

(5) 取出平板，观察菌苔颜色，如出现红色斑点，说明脂肪水解，为阳性反应。

3. 尿素试验

(1) 取两支尿素培养基斜面试管，用记号笔标明各管欲接种的菌名。

(2) 分别接种普通变形杆菌和金黄色葡萄球菌。

(3) 将接种后的试管置35℃中，培养24~48h。

(4) 观察培养基颜色变化，尿素酶存在时为红色，无尿素酶时应为黄色。

五、实验报告

记录上述实验结果。

六、思考题

(1) 你怎样解释淀粉酶是胞外酶而非胞内酶?

(2) 不利用碘液，你怎样证明淀粉水解的存在?

(3) 接种后的明胶试管可以在35℃培养，在培养后你必须做什么才能证明水解的存在?

(4) 为什么尿素试验可用于鉴定细菌?

实验三十三　糖发酵试验

一、实验目的

（1）了解糖发酵的原理和在肠道细菌鉴定中的重要作用。

（2）掌握通过糖发酵鉴别不同微生物的方法。

二、实验原理

糖发酵试验是常用的鉴别微生物的生化反应，在肠道细菌的鉴定上尤为重要。绝大多数细菌都能利用糖类作为碳源和能源，但是它们在分解糖类物质的能力上有很大的差异。有些细菌能分解某种糖产生有机酸（如乳酸、醋酸、丙酸等）和气体（如氢气、甲烷、二氧化碳等）；有些细菌只产酸不产气。例如，大肠杆菌能分解乳糖和葡萄糖产酸并产气；伤寒杆菌分解葡萄糖产酸不产气，不能分解乳糖；普通变形杆菌分解葡萄糖产酸产气，不能分解乳糖。发酵培养基含有蛋白胨、指示剂（溴甲酚紫），倒置的德汉氏小管和不同的糖类。当发酵产酸时，溴甲酚紫指示剂可由紫色（pH 值为6.8）变为黄色（pH 值为5.2）。气体的产生可由倒置的德汉氏小管中有无气泡来证明。

三、实验器材

菌种：大肠杆菌、普通变形杆菌斜面各一支。

培养基葡萄糖发酵培养基试管和乳糖发酵培养基试管各 3 支（内装有倒置的德汉氏小管）仪器或其他用具试管架，接种环等。

四、操作步骤

（1）用记号笔在各试管外壁上分别标明发酵培养基名称和所接种的细菌菌名。

（2）取葡萄糖发酵培养基试管 3 支，分别接入大肠杆菌，普通变形杆菌，第 3 支不接种，作为对照。另取乳糖发酵培养基试管 3 支，同样分别接入大肠杆菌，普通变形杆菌，第 3 支不接种，作为对照。

五、注意事项

在接种后，轻缓摇动试管，使其均匀，防止倒置的小管进入气泡。

六、实验报告

(1) 将接种过和作为对照的6支试管均置37℃培养24~48h。

(2) 观察各试管颜色变化及德汉氏小管中有无气泡。

七、思考题

假如某种微生物可以有氧代谢葡萄糖，发酵试验应该出现什么结果？

第八章　环境因素对微生物的影响

实验三十四　物理、化学因素对微生物的影响

一、实验目的

（1）了解常用化学消毒剂对微生物的作用。

（2）学习测定石炭酸系数的方法。

二、实验原理

常用化学消毒剂主要有重金属及其盐类、有机溶剂（酚、醇、醛等）、卤族元素及其化合物、染料和表面活性剂等。重金属离子可与菌体蛋白质结合而使之变性或与某些酶蛋白的巯基相结合而使酶失活，重金属盐则是蛋白质沉淀剂，或与代谢产物发生螯合作用而使之变为无效化合物；有机溶剂可使蛋白质及核酸变性，也可破坏细胞膜透性使内含物外溢；碘可与蛋白质酪氨酸残基不可逆结合而使蛋白质失活，氯气与水发生反应产生的强氧化剂也具有杀菌作用；染料在低浓度条件下可抑制细菌生长，染料对细菌的作用具有选择性，革兰氏阳性菌普遍比革兰氏阴性菌对染料更加敏感；表面活性剂能降低溶液表面张力，这类物质作用于微生物细胞膜，改变其透性，同时也能使蛋白质发生变性。

各种化学消毒剂的杀菌能力常以石炭酸为标准，以石炭酸系数（酚系数）来表示，将某一消毒剂作不同程度稀释，在一定时间内及一定条件下，该消毒剂杀死全部供试微生物的最高稀释倍数与达到同样效果的石炭酸的最高稀释倍数的比值，即为该消毒剂对该种微生物的石炭酸系数。石炭酸系数越大，说明该消毒剂杀菌能力越强。

三、实验器材

（1）菌种：大肠杆菌、白色葡萄球菌。

（2）培养基：牛肉膏蛋白胨琼脂培养基、牛肉膏蛋白胨液体培养基。

（3）溶液或试剂：2.5%碘酒、0.1%升汞、5%石炭酸、75%乙醇、100%乙醇、1%来苏尔、0.25%新洁尔灭、0.005%龙胆紫、0.05%龙胆紫、无菌生理盐水。

(4) 仪器或其他用具：无菌培养皿、无菌滤纸片、试管、吸管、三角涂棒等。

四、实验步骤

1. 滤纸片法测定化学消毒剂的杀（抑）菌作用

(1) 将已灭菌并冷至50℃左右的牛肉膏蛋白胨琼脂培养基倒入无菌平皿中，水平放置待凝固。

(2) 用无菌吸管吸取0.2mL培养18h的白色葡萄球菌菌液加入到上述平板中，用无菌三角涂棒涂布均匀。

(3) 将已涂布好的平板底皿划分成4~6等份，每一等份内标明一种消毒剂的名称。

(4) 用无菌镊子将已灭菌的小圆滤纸片（ϕ5mm）分别浸入装有各种消毒剂溶液的试管中浸湿。

(5) 将上述贴好滤纸片的含菌平板倒置放于37℃温室中，24h后取出观察抑（杀）菌圈的大小（见图8-1）。

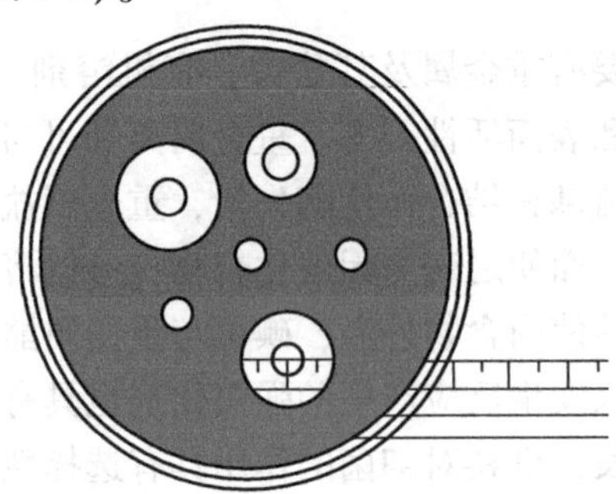

图8-1　原滤纸片法测定化学消毒剂的杀（抑）菌作用

2. 石炭酸系数的测定

(1) 将石炭酸稀释配成1/50、1/60、1/70、1/80及1/90等不同的浓度，分别取5mL装入相应的试管中。

(2) 将待测消毒剂（来苏尔）稀释配成1/150、1/200、1/250、1/300及1/500等不同的浓度，各取5mL装入相应的试管中。

(3) 取盛有已灭菌的牛肉膏蛋白胨液体培养基的试管30支。其中15支标明石炭酸的5种浓度，每种浓度3管（分别标记上5min、10min及15min）；另外15支标明来苏尔的5种浓度，每种浓度3管（分别标记上5min、10min及15min）。

(4) 在上述盛有不同浓度的石炭酸和来苏尔溶液的试管中各接入0.5mL大肠杆菌并摇匀。

（5）将上述试管置于37℃温室中，48h后观察并记录细菌的生长状况。细菌生长者试管内培养液混浊，以“+”表示；不生长者培养液澄清，以“-”表示。

（6）计算石炭酸系数值。找出将大肠杆菌在药液中处理5min后仍能生长，而处理10min和15min后不生长的来苏尔及石炭酸的最大稀释倍数，计算二者比值。例如，若来苏尔和石炭酸在10min内杀死大肠杆菌的最大稀释倍数分别是250和70，则来苏尔的石炭酸系数为250/70=3.6。

五、注意事项

（1）注意取出滤纸片时保证过滤纸片所含消毒剂溶液量基本一致，并在试管内壁沥去多余药液。

（2）无菌操作将滤纸片贴在平板相应区域，平板中间贴上浸有无菌生理盐水的滤纸片作为对照。(见图8-2)。

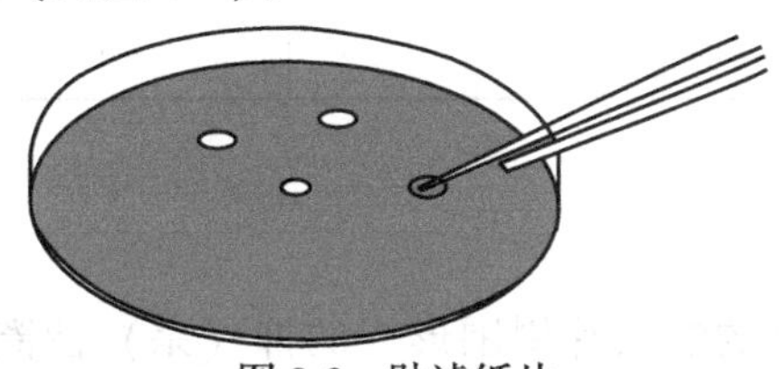

图8-2　贴滤纸片

（3）注意吸取菌液时要将菌液吹打均匀，保证每个试管中接入的菌量一致。

（4）每管自接种时起分别于5min、10min及15min用接种环从各管内取一环菌液接入标记有相应石炭酸及来苏尔浓度的装有牛肉膏蛋白胨液体培养基的试管中。

六、实验报告

实验结果

各种化学消毒剂对白色葡萄球菌的作用能力见表8-1、石灰酸系数的测定和计算见表8-2。

表8-1　各种化学消毒剂对白色葡萄球菌的作用能力

消毒剂/%	抑（杀）菌圈直径/mm	消毒剂/%	抑（杀）菌圈直径/mm
2.5，碘酒		1，来苏尔	
0.1，升汞		0.25，新洁尔灭	
5，石炭酸		0.005，龙胆紫	
75，乙醇		0.05，龙胆紫	
100，乙醇			

表 8-2 石炭酸系数的测定和计算

消毒剂	稀释倍数	生长状况			石炭酸系数
		5min	10min	15min	
石炭酸	50				
	60				
	70				
	80				
	90				
来苏尔	150				
	200				
	250				
	300				
	500				

七、思考题

(1) 含化学消毒剂的滤纸片周围形成的抑（杀）菌圈表明该区域培养基中的原有细菌被杀死或被抑制而不能进行生长，你如何用实验证明抑（杀）菌圈的形成是由于化学消毒剂的抑菌作用还是杀菌作用？

(2) 影响抑（杀）菌圈大小的因素有哪些？抑（杀）菌圈大小是否准确地反映出化学消毒剂抑（杀）菌能力的强弱。

(3) 在你的实验中，75%和100%的乙醇对白色葡萄球菌的作用效果有何不同？你知道医院常用作消毒剂的乙醇浓度是多少吗？请说明此浓度乙醇的原因和机理？

(4) 某公司推出一种新型饮料，并声称是100%纯天然产品，不含防腐剂，利用你所掌握的微生物学知识，试设计一个简单实验来初步判断此饮料是否含有防腐剂。

(5) 化学药剂对微生物所形成的抑菌圈未长菌部分是否说明微生物细胞已被杀死？

实验三十五 生物因素对微生物的影响

一、实验目的

了解某一抗生素的抗菌范围，学习抗菌谱试验的基本方法。

二、实验原理

生物之间的关系从总体上可分为互生、共生、寄生、拮抗等，微生物之间的拮抗现象是普遍存在于自然界的，许多微生物在其生命活动过程中能产生某种特殊代谢产物如抗生素，具有选择性地抑制或杀死其他微生物的作用，不同抗生素的抗菌谱是不同的，某些抗生素只对少数细菌有抗菌作用。例如，青霉素一般只对革兰氏阳性菌具有抗菌作用，多粘菌素只对革兰氏阴性菌有作用，这类抗生素称为窄谱抗生素；另一些抗生素对多种细菌有作用，例如四环素、土霉素对许多革兰氏阳性菌和革兰氏阴性菌都有作用，称为广谱抗生素。

本实验利用滤纸条法测定青霉素的抗菌谱，将浸润有青霉素溶液的滤纸条贴在豆芽汁葡萄糖琼脂培养基平板上，再与此滤纸条垂直划线接种试验菌，经培养后，根据抑菌带的长短，即可判断青霉素对不同类型微生物的影响，初步判断其抗菌谱。实验中所用试验菌通常以各种具有代表性的非致病菌来代替人体或动物致病菌，常用的试验菌株参见表 8-3，而植物致病菌由于对人畜一般无直接危害，可直接用作试验菌。

表 8-3 用于抗生素筛选的几种常用试验菌株

试 验 菌 株	所代表的微生物类型
金黄色葡萄球菌（*Staphyloccus aurevs*）	G^+球菌
枯草芽孢杆菌（*Bacilhus subtilis*）	G^+杆菌
大肠杆菌（*Escherichia coli*）	G^-肠道菌
草分支杆菌（*Mycobacterrium phlei*）	结核分枝杆菌
酿酒酵母（*Saccharomyces cerevisiae*）	酵母状真菌
白假丝酵母（*Candia albicaus*）	酵母状真菌
灰棕黄青霉（*Penicillium griseofulvum*）	丝状真菌
黑曲霉（*Asperigillus niger*）	丝状真菌

三、实验器材

（1）菌种：大肠杆菌、金黄色葡萄球菌、枯草芽孢杆菌。

（2）培养皿：豆芽汁葡萄糖琼脂培养基。

（3）溶液或试剂：青霉素溶液（80 万单位/毫升）、氨苄青霉素溶液（80 万单位/毫升）。

（4）仪器或其他用具：无菌平皿、无菌滤纸条、镊子、接种环等。

四、实验步骤

（1）将豆芽汁葡萄糖琼脂培养基溶化后，冷至 45℃左右倒平板。

（2）无菌操作，用镊子将无菌滤纸条分别浸入过滤除菌的青霉素溶液和氨苄青霉素溶液中润湿，并在容器内壁沥去多余溶液，再将滤纸条按图 8-3 所示分别贴在两个已凝固的上述平板上。

（3）无菌操作，用接种环从滤纸条边缘分别垂直向外划直线接种大肠杆菌、金黄色葡萄球菌及枯草芽孢杆菌（图 8-3）。

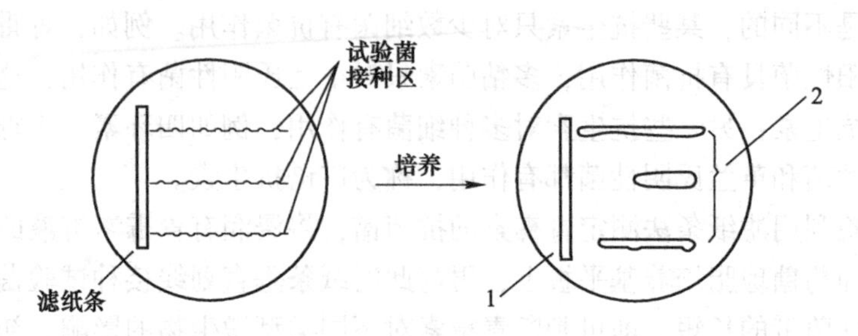

图 8-3　抗生素抗菌谱实验

1—滤纸条；2—试验菌

（4）将接种好的平板倒置于 37℃温室保温 24h，取出观察并记录三种细菌的生长状况。

五、注意事项

（1）注意滤纸条形状要规则，滤纸条上含有的溶液量不要太多，而且在贴滤纸条时不要在培养基上拖动滤纸条，避免抗生素溶液在培养基中扩散时分布不均匀。

（2）注意划线接种时要尽量靠近滤纸条，但不要接触，避免将滤纸条上的抗生素溶液与菌种混合。

六、实验报告

结果。绘图表示并说明青霉素和氨苄青霉素对大肠杆菌、金黄色葡萄球菌及枯草芽孢杆菌的抑菌效能，解释其原理。

七、思考题

（1）如果抑菌带内隔一段时间后又长出少数菌落，你如何解释这种现象？

（2）某实验室获得一株产抗生素的菌株，请设计一个简单实验，测定此菌株所产生抗生素的抗菌谱。

（3）滥用抗生素会造成什么样的后果？原因是什么？如何解决这个问题？

（4）根据青霉素的抗菌机制，你的平板上出现的抑菌带是致死效应还是抑制效应？与抗生素的浓度有无关系？

实验三十六 pH 值对微生物的影响

一、实验目的

了解 pH 值对微生物生长的影响，确定微生物生长所需最适 pH 值条件。

二、实验原理

pH 值对微生物生命活动的影响是通过以下几个方面实现的：一是使蛋白质、核酸等生物大分子所带电荷发生变化，从而影响其生物活性。二是引起细胞膜电荷变化，导致微生物细胞吸收营养物质能力改变。三是改变环境中营养物质的可给性及有害物质的毒性。不同微生物对 pH 值条件的要求各不同，它们只能在一定的 pH 值范围内生长，这个 pH 值范围有宽、有窄，而其生长最适 pH 值常限于一个较窄的 pH 值范围，对 pH 值条件的不同要求在一定程度上反映出微生物对环境的适应能力。例如，肠道细菌能在一个较宽的 pH 值范围生长，这与其生长的自然环境条件——消化系统是相适应的，而血液寄生微生物仅能在一个较窄的 pH 值范围内生长，因为循环系统的 pH 值一般恒定在 7. 3。

尽管一些微生物能在极端 pH 值条件下生长，但就大多数微生物而言，细菌一般在 pH 值 4~9 范围内生长，生长最适 pH 值一般为 6. 5~7. 5，真菌一般在偏酸环境中生长，生长最适 pH 值一般为 4~6。在实验室条件下，人们常将培养基 pH 值调至接近于中性，而微生物在生长过程中常由于糖的降解产酸及蛋白质降解产碱而使环境 pH 值发生变化，从而会影响微生物生长。因此，人们常在培养基中加入缓冲系统，如 K_2HPO_4/KH_2PO_4系统，大多数培养基富含氨基酸、肽及蛋白质，这些物质可作为天然缓冲系统。

在实验室条件下，可根据不同类型微生物对 pH 值要求的差异来选择性地分离某种微生物。例如，在 pH 值为 10 ~ 12 的高盐培养基上可分离到嗜盐嗜碱细菌，分离真菌则一般用酸性培养基等。

三、实验器材

（1）菌种：粪产碱杆菌、大肠杆菌、酿酒酵母。

（2）培养基：牛肉膏蛋白胨液体培养基，用 1mol/L NaOH 和 1mol/L HCl 将其 pH 值分别调至 3、5、7、9。

（3）溶液或试剂：无菌生理盐水。

（4）仪器或其他用具：无菌吸管、大试管、1cm 比色杯、722 型分光光度计。

四、实验步骤

(1) 无菌操作吸取适量无菌生理盐水加入到粪产碱杆菌、大肠杆菌及酿酒酵母斜面试管中，制成菌悬液，使其OD600nm值均为0.05。

(2) 无菌操作分别吸取0.1mL上述三种菌悬液，分别接种于装有5mL不同pH的牛肉膏蛋白胨液体培养基的大试管中。

(3) 将接种大肠杆菌和粪产碱杆菌的8支试管置于37℃温室保温24~48h，将接种有酿酒酵母的试管置于28℃温室保温48~72h。

(4) 将上述试管取出，利用722型分光光度计测定培养物的OD600nm值。

五、注意事项

注意吸取菌液时要将菌液吹打均匀，保证各管中接入的菌液浓度一致。

六、实验报告

实验结果。表8-4说明三种微生物各自的生长pH值范围及最适pH值。

表8-4 不同微生物培养物的OD600nm值

菌名	OD600nm			
	pH=3	pH=5	pH=7	pH=9
大肠杆菌				
粪产碱杆菌				
酿酒酵母				

七、思考题

(1) 氨基酸、蛋白质为何被称为天然缓冲系统?

(2) 若大肠杆菌在以葡萄糖和NH_4Cl作为碳、氮源的合成培养基及牛肉膏蛋白胨培养基中生长，两种培养基pH值均为7，在培养过程中每隔6h测定一次OD600nm，结果记录于表8-5。

表8-5 大肠杆菌在不同培养基生长的OD600nm值

培养时间/h	OD600nm	
	合成培养基	牛肉膏蛋白胨培养基
6	0.100	0.100
12	0.300	0.500
18	0.275	0.900
24	0.125	1.50

试问，为什么大肠杆菌在合成培养基中培养12h后群体生长停止，而在牛肉膏蛋白胨培养基中18~24h仍在继续生长？

实验三十七　温度对微生物的影响

一、实验目的

(1) 了解温度对不同类型微生物生长的影响。

(2) 区别微生物的最适生长温度与最适代谢温度。

二、实验原理

温度通过影响蛋白质、核酸等生物大分子的结构与功能以及细胞结构如细胞膜的流动性及完整性来影响微生物的生长、繁殖和新陈代谢。过高的环境温度会导致蛋白质或核酸的变性失活，而过低的温度会使酶活力受到抑制，细胞的新陈代谢活动减弱。每种微生物只能在一定的温度范围内生长，低温微生物最高生长温度不超过20℃，中温微生物的最高生长温度低于45℃，而高温微生物能在45℃以上的温度条件下正常生长，某些极端高温微生物甚至能在100℃以上的温度条件下生长。微生物群体生长、繁殖最快的温度为其最适生长温度，但它并不等于其发酵的最适温度，也不等于积累某一代谢产物的最适温度。黏质沙雷氏菌能产生红色或紫红色色素，菌落表面颜色随着色素量的增加呈现出由橙黄到深红色逐渐加深的变化趋势，而酿酒酵母可发酵产气。本实验通过在不同温度条件下培养不用类型微生物，了解微生物的最适生长温度与最适代谢温度及最适发酵温度的差别。

三、实验器材

(1) 菌种：大肠杆菌、嗜热脂肪芽孢杆菌、萨伏斯达诺氏假单胞菌、黏质沙雷氏菌、酿酒酵母。

(2) 培养基：牛肉膏蛋白胨琼脂培养基、装有蛋白胨葡萄糖发酵培养基的试管（内含倒置德汉氏小管）。

(3) 仪器或其他用具：无菌平皿、接种环等。

四、实验步骤

(1) 将牛肉膏蛋白胨琼脂培养基溶化倒入平板。

(2) 取8套牛肉膏蛋白胨琼脂平板，在皿底用记号笔划分为四区，分别标上大肠杆菌、嗜热脂肪芽孢杆菌、萨伏斯达诺氏假单胞菌及黏质沙雷氏菌。

(3) 在上述平板各个区域分别无菌操作划线接种相应的四种菌，各取两套平板倒置于4℃、20℃、37℃及60℃条件下保温24~48h，观察细菌的生长状况以及黏质沙雷氏菌产色素量情况。

(4) 在4支装有蛋白胨葡萄糖发酵培养基及倒置德汉氏小管的试管中接入酿酒酵母，分别置于4℃、20℃、37℃及60℃条件下培养24~48h，观察酿酒酵母的生长状况以及发酵产气量。

五、注意事项

注意倒平板时培养基量适当增加，使凝固后的培养基厚度为一般培养基厚度的1.5~2倍，避免在高温（60℃）条件下培养微生物时培养基干裂。

六、实验报告

实验结果。比较上述五种微生物在不同温度条件下的生长状况（“-”表示不生长，“+”表示生长较差，“++”表示生长一般，“+++”表示生长良好）以及黏质沙雷氏菌产色素和酿酒酵母产气量的多少（“-”“+”“++”“+++”表示），结果填入表8-6。

表8-6 五种微生物在不同温度条件下生长状况

温度/℃	大肠杆菌	嗜热脂肪芽孢杆菌	萨斯达诺氏假单胞菌	黏质沙雷氏菌		酿酒酵母	
				生长状况	产色素量	生长状况	产气量
4							
20							
37							
60							

七、思考题

(1) 为什么微生物最适生长温度并不一定等于其代谢或发酵的最适温度？

(2) 在下列地方最有可能存在何种类型的微生物（就温度而言）？

a. 深海海水；b. 海底火山口附近的海水；c. 温泉；d. 温带土壤表层；e. 植物组织

(3) 你认为高温微生物能感染温血动物吗？为什么？

(4) 进行体外DNA扩散的PCR（polymerase chain reaction）技术之所以能够迅速发展和广泛应用，其中最重要的是得益于Taq酶的发现和生产，你知道这种酶是从什么菌中分离的吗？该菌是属于本实验中涉及的哪种类型微生物？

(5) 地球以外是否有生命形式，一直是人们十分感兴趣的问题。随着1997年7月美国火星探测器在火星登陆，探索星际生命又成为一个热点。美国事实上早已将低温微生物特别是专性嗜冷菌作为其宇宙微生物研究计划的重要内容，并在南极地区模拟宇宙环境研究星际生命，你认为他们这么做的原因是什么？

(6) 据报道，有科学工作者采用特殊的钻探工具，从地表以下约3000m的土壤及岩层中采集样品，并从中分离到细菌，根据你所掌握的知识，你能说出这些细菌具有哪些典型特征吗？对这些微生物的研究有何重大意义？

实验三十八 氧气对微生物的影响

一、实验目的

了解氧对微生物生长的影响及其实验方法。

二、实验原理

各种微生物对氧的需求是不同的，这反映出不同种类微生物细胞内生物氧化酶系统的差别。根据对氧的需求及耐受能力的不同，可将微生物分为五类。

好氧菌必需在有氧条件下生长，在高能分子如葡萄糖的氧化降解过程中需要氧作为氢受体。

微好氧菌生长需要少量氧，过量的氧常导致这类微生物的死亡。

兼性厌氧菌有氧及无氧条件下均能生长，倾向于以氧作为氢受体，在无氧条件下可利用NO_3^-或SO_4^{2-}作为最终氢受体。

专性厌氧菌必须在完全无氧的条件下生长繁殖，由于细胞内缺少超氧化物歧化酶和过氧化氢酶，氧的存在常导致有毒害作用的超氧化物及氧自由基（O_2^-）的产生，对这类微生物具致死作用。

耐氧厌氧菌有氧及无氧条件下均能生长，与兼性厌氧菌不同之处在于耐氧厌氧菌，虽然不以氧作为最终氢受体，但由于细胞具有超氧化物歧化酶（或）过氧化氢酶，在有氧的条件下也能生存。

本实验采用深层琼脂法来测定氧对不用类型微生物生长的影响，在葡萄糖牛肉膏蛋白胨琼脂深层培养基试管中接入各类微生物，在适宜条件下培养后，观察生长状况，根据微生物在试管中的生长部位，判断各类微生物对氧的需求及耐受能力（见图8-4）。

三、实验器材

(1) 菌种：金黄色葡萄球菌、干燥棒杆菌、保加利亚乳杆菌、丁酸梭菌、

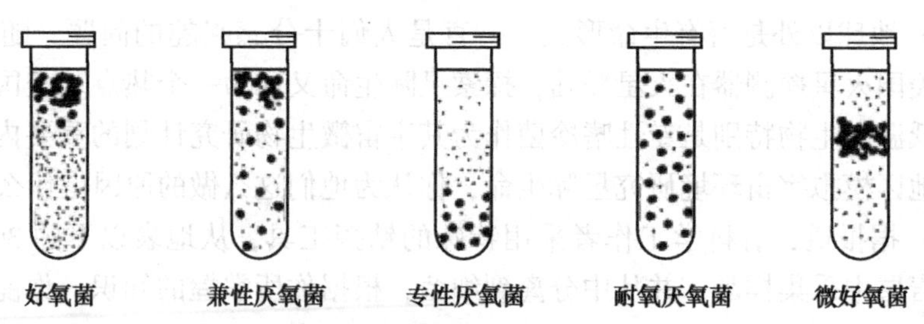

图 8-4 不同类型微生物在深层琼脂培养基中的生长状况示意图

酿酒酵母及黑曲霉。

（2）培养基：葡萄糖牛肉膏蛋白胨琼脂培养基。

（3）溶液或试剂：无菌生理盐水。

（4）仪器或其他用具：无菌吸管、冰块等。

四、实验步骤

（1）在各类菌种斜面中加入 2mL 无菌生理盐水，制成菌悬液。

（2）将装有葡萄糖牛肉膏蛋白胨琼脂培养基的试管置于 100℃水浴中溶化并保温 5~10min。

（3）将试管取出置室温静置冷却至 45~50℃时，做好标记，无菌操作吸取 0.1mL 各类微生物菌悬液加入相应试管中，双手快速搓动试管（图 8-5），避免振荡使过多的空气混入培养基，待菌种均匀分布于培养基内后，将试管置于冰浴中，使琼脂迅速凝固。

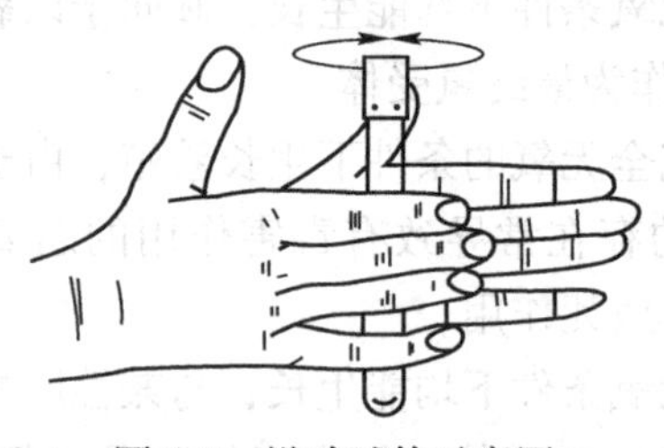

图 8-5 搓动试管示意图

（4）将上述试管置于 28℃温室中静置保温 48h 后开始连续进行观察，直至结果清晰为止。

五、实验报告

实验结果。将实验结果记录于表 8-7，用文字描述其生长位置（表面生长、底部生长、接近表面生长、均匀生长、接近表面生长旺盛等），并确定该微生物的类型。

表 8-7　各类菌种实验结果

菌　名	生长位置	类　型
金黄色葡萄球菌		
干燥棒杆菌		
保加利亚乳杆菌		
丁酸梭菌		
酿酒酵母		
黑曲霉		

六、思考题

(1) 在溶化的培养基中接入菌种后，为何搓动试管而不振荡试管来使菌种均匀分布于培养基中?

(2) 解释不同类型微生物在琼脂深层培养基中的生长位置有何不同?

(3) 某些细菌（如链球菌）细胞内不含过氧化氢酶，但仍能在有氧条件下生长，试解释其原因?

(4) 人体肠道内数量最多的是何种类型的细菌（就氧与微生物的关系而言)? 从人类大便中最常分离到的是什么类型细菌? 为什么?

实验三十九　抗生素的效价测定

一、实验目的

学习生物法测定抗生素效价的基本原理和方法。

二、实验原理

某些微生物在生长代谢过程中产生的次级代谢产物能抑制或杀死其他微生物，这种物质被称作抗生素。

抗生素效价的生物测定有稀释法、比浊法、扩散法三大类。管碟法是扩散法中的一种，是将已知浓度的标准抗生素溶液与未知浓度的样品溶液分别加到一种标准的不锈钢小管（即牛津小杯）中，在含有敏感试验菌的琼脂表面进行扩散渗透，比较两者对被试菌的抑制作用，测量出抑菌圈的大小，以计算抗生素的浓度。在一定的浓度范围内，抗生素的浓度与抑菌圈直径在双周半对数表上（浓度为对数值，抑菌圈直径为数字值）成直线函数关系，从样品的抑菌圈直径可在标准曲线上求得其效价。由于本法是利用抗生素抑制敏感菌的直接测定方法，所以符合临床使用的试剂情况，而且灵敏度很高不需特殊设备，故多被采用。但此法也有缺点，即操作步骤多，培养时间长，得出结果慢。尽管如此，由于它上述独特的优点仍被世界各国所公认，作为国际通用的方法被列入各国药典法规中。

抗生素的种类很多，本实验以产黄青霉产生的青霉素为例来测定其效价。

三、实验器材

（1）菌种：金黄色葡萄球菌、产黄青霉。

（2）培养基：培养基Ⅰ：牛肉膏蛋白胨琼脂培养基，培养供试菌使用；培养基Ⅱ：培养基Ⅰ加0.5%葡萄糖，青霉素效价测定使用。

（3）溶液或试剂：0.85%生理盐水，灭菌备用；50%葡萄糖，灭菌备用。

（4）仪器或其他用具：培养板、牛津杯（或标准不锈钢小管）、陶瓦圆盖、青霉素钠盐标准品等。

四、实验步骤

（1）0.2mol/L的pH值为6.0磷酸缓冲液的配制。

准确称取0.8g KH_2PO_4和0.2g K_2HPO_4，用蒸馏水溶解并定容至100mL，转入试剂瓶中灭菌备用。

（2）标准青霉素溶液的配制。

精确称取15~20mg氨苄青霉素标准品，每毫克含1667单位（1667U/mg，1U即1国际单位，等于0.6μg）。溶解在适量的0.2mol/L的pH值为6.0磷酸缓冲液中，然后稀释成10U/mL的青霉素标准溶液，按表8-8配制成不同浓度的青霉素溶液，保存于5℃备用。

表8-8 不同浓度标准青霉素溶液的配法

试管编号	10U/mL工作液量/mL	pH值为6.0磷酸盐缓冲液/mL	青霉素含量/U·mL^{-1}
1	0.4	9.6	0.4
2	0.6	9.4	0.6
3	0.8	9.2	0.8
4	1.0	9.0	1.0
5	1.2	8.8	1.2
6	1.4	8.6	1.4

（3）青霉素发酵液样品溶液的制备。

用0.2mol/L的pH值为6.0磷酸缓冲液将青霉素发酵液适当稀释，备用。

（4）金黄色葡萄球菌菌液的制备。

取用培养基Ⅰ斜面保存的金黄色葡萄球菌菌种，将其接种于培养基Ⅱ斜面试管上，于37℃培养18~20h，连续传种3~4次，用0.85%的生理盐水洗下，离心后，菌体用生理盐水洗涤1~2次，再将其稀释至一定浓度（约10^9/mL，或用光电比色计测定，在波长650nm处透光率为20%左右即可）。

（5）抗生素扩散平板的制备。

取灭菌过的平皿18个，分别加入已融化的培养基120mL，摇匀，置水平位置使其凝固，作为底层。另取培养基Ⅱ融化后冷却至48~50℃，加入适量上述金黄色葡萄球菌菌液，迅速摇匀，在每个平板内分别加入此含菌培养基5mL，使其在底层上均匀分布，置水平位置凝固后，在每个双层平板中以等距离均匀放置牛津杯6个，用陶瓦圆盖覆盖备用。

注意控制金黄色葡萄球菌菌液的浓度，以免其影响抑菌圈的大小。一般情况下，100mL培养基Ⅱ中加3~4mL菌液（10^9/mL）较好。

（6）标准曲线的制备。

取上述制备的扩散平板18个，在每个平板上的6个牛津杯间隔的3个中各加入1U/mL的标准品溶液，将每3个平板组成一组，共分6组。在第一组的每个平板的3个空牛津杯中均加入0.4U/mL的标准液，如此依次将6种不同浓度的标准液分别加入6组平板中（见图8-6）。

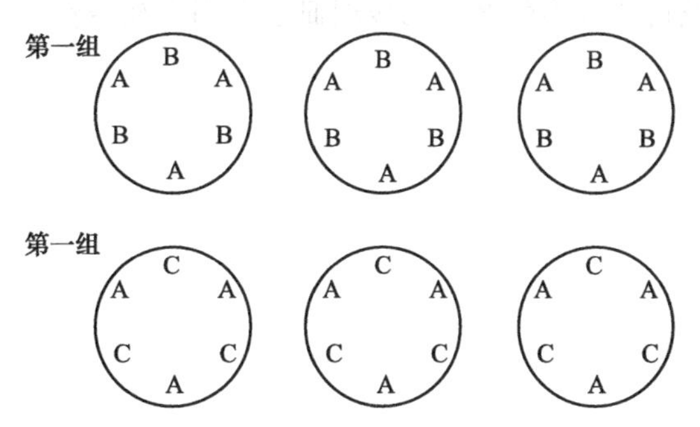

图8-6　标准曲线的滴定示意图

A—标准曲线的校正稀释度；B，C—标准曲线上的其他稀释度

每一稀释度应更换一只吸管，每只牛津杯中的加入量为0.2mL或用带滴头的滴管加样品，加样量与杯口水平为准。

全部盖上陶瓦盖后37℃培养16~18h。精确测量各抑菌圈的直径，分别求得每组3个平板中1U/mL标准品抑菌圈直径与其他各浓度标准品抑菌圈直径的平均值，再求出6组中10U/mL标准品抑菌圈直径的平均值，总平均值与每组10U/mL标准品抑菌圈直径平均值的差，即为各组的校正值。

例如，如果6组1U/mL标准品抑菌圈直径总平均值为22.6mm，而0.4U/mL的一组中9个1U/mL标准品抑菌圈直径平均为22.4mm，则其校正数应为22.6-22.4=0.2，如果9个0.4U/mL标准品抑菌圈直径平均为18.6mm，则校正后应为 18. 6+0. 2=18. 8mm。以浓度为纵坐标，以校正后的抑菌圈直径为横坐标，在双周半对数图纸上绘制标准曲线。

（7）青霉素发酵液效价测定。

取扩散平板 3 个，在每个平板上的 6 个牛津杯间隔的 3 个中各加入 1U/mL 的标准品溶液，其他 3 杯中各加入适当稀释的样品发酵液，盖上陶瓦盖后，37℃培养 16~18h。精确测量每个抑菌圈的直径，分别求出标准品溶液和样品溶液所制的 9 个抑菌圈直径的平均值，按照上述标准曲线的制备方法求得校正数后，将样品溶液的抑菌圈直径的平均值校正，再从标准曲线中查出标准品溶液的效价，并换算成每毫升样品所含的单位数。

五、实验报告

实验结果。被测发酵液样品的效价是多少？

六、思考题

（1）在哪一生长期微生物对抗菌素最敏感？

（2）抗生素效价测定中，为什么常用管碟法测定，管碟法有何优缺点？

（3）抗生素效价测定为什么不用玻璃皿盖而用陶瓦盖？

第九章　微生物遗传学

实验四十　细菌的耐药性变异

一、实验目的

（1）熟悉基本微生物操作技术。
（2）了解微生物基因突变的特点。
（3）学习用梯度平板法分离抗药性突变株。

二、实验原理

基因突变：是微生物 DNA 分子的某一特定位置的特定结构改变所致，导致细菌发生不同的生理、生化变化，与药物的存在无关。

基因中碱基顺序的改变可导致微生物细胞的遗传变异。这种变异有时能使细胞在有害的环境中存活下来，抗药性突变就是一个例子。微生物的抗药性突变是 DNA 的某一特定位置的结构改变所致，与药物的存在无关，某种药物的存在只是作为分离某种抗药性菌株的一种手段，而不是作为诱发突变的诱导物。因而在含有一定浓度抑制物药物的平板上涂布大量的细胞群体，极个别抗性突变的细胞会在平板上长成菌落。将这些菌落挑取纯化，进一步进行抗性实验，就可以得到所需要的抗药性菌株。抗药性突变常用作遗传标记，因而掌握分离抗药性突变株的方法是十分必要的。

为了便于选择适当的药物浓度，分离抗药性突变株常用梯度平板法。本实验采用梯度平板法分离大肠杆菌的抗链霉素突变株。制备梯度平板的方法是：先倒入不含药物的底层培养基，把培养平板斜放，把培养平板斜放，凝固后将平板平放，再倒入含有链霉素的上层培养基，这样便可得到链霉素浓度从一边到另一边逐渐降低的梯度平板。在此平板上涂布大量敏感菌，经过培养后，在链霉素浓度比较高的部位长出的菌落中可分离到抗链霉素突变株（见图 9-1）。

三、实验器材

（1）菌株：大肠杆菌：Str^s。

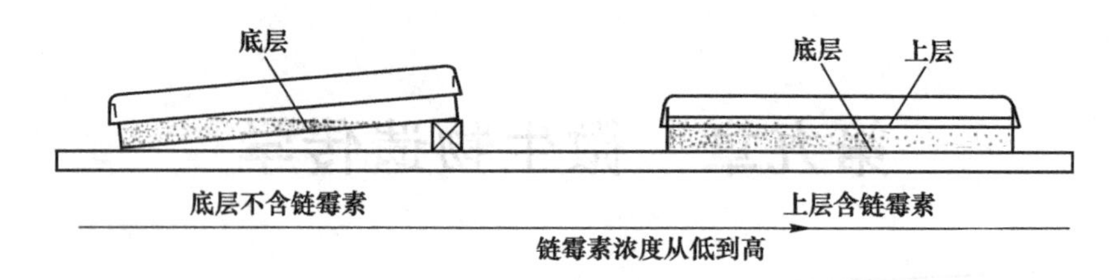

图 9-1 链霉素浓度梯度平板

（2）培养基：LB 固体培养基。

（3）试剂：链霉素（100mg/mL）。

（4）仪器：载玻片、盖玻片、盛有 70% 乙醇的烧杯、无菌移液管、灭菌锅等。

四、实验步骤

（1）接种大肠杆菌于盛有 5mL LB 液体培养基的试管中，37℃振荡培养 24h。

（2）在烘箱中融化 LB 琼脂培养基。

（3）倒 10mL 已溶化的不含药物的 LB 琼脂培养基于一套无菌培养皿中，立即将培养皿一端垫起，使琼脂培养基覆盖整个底部并使培养基表面在垫起的一段刚好达到培养皿的底部与边的交界处，让培养基在这一倾斜的位置凝固。

（4）在已凝固的平板低琼脂一边标识“10”，放回水平位置后，再在底层培养基上加入含有 10μg/L 链霉素的 LB 琼脂培养基 10mL。凝固后，便制得一个链霉素浓度从一端的 0μg/L 到另一端 10μg/L 的梯度平板。

（5）倒 20mL 无抗培养基于另一个培养皿，待其干燥后得到另一个无抗平板（利用等待平板干燥的时间，去观察大肠杆菌形态）。

（6）用 1mL 无菌吸管分别吸取 200μL 大肠杆菌培养液加到梯度平板和无抗平板上，涂布。

（7）待培养基表面干燥后，37℃倒置培养 24h。

（8）观察无抗平板与梯度平板菌落分布的特征，对比两者的区别，分析抗药突变株菌落分布的特点。

五、注意事项

（1）玻璃涂布棒在火焰上灼烧后要待其冷却后再进行涂布，以免烫死细胞；可以蘸上乙醇后在火焰上灼烧，以缩短冷却的时间。

（2）制备含药平板时，务必使药物与培养基充分混匀。

（3）严格无菌操作，勿将杂菌误认为抗药性大肠杆菌。

六、实验报告

(1) 实验中的第 (8) 步，是为了测试得到抗药性突变株的抗性水平，你是否能设计几种不同的方法来测试这些菌株的抗性水平？

(2) 图示经过一次培养和经过两次培养的梯度平板上大肠杆菌的生长情况。

七、思考题

(1) 梯度平板法除了用于分离抗药性突变株外，还有什么其他用途？

(2) 培养基中的链霉素引起了抗性突变吗，为什么？

(3) 将未经诱变的菌株涂在含药平板上是否有菌落出现？

实验四十一　微生物的诱发突变

一、实验目的

(1) 通过实验观察紫外线和亚硝基胍等理化因素对枯草芽胞杆菌的诱变效应。

(2) 掌握理化诱变的基本方法。

二、实验原理

基因突变泛指细胞内（或病毒粒内）遗传物质的分子结构或数量突然发生的可遗传的变化，可自发或诱导产生。自发突变的概率一般很低（$10^{-6}\sim10^{-9}$），利用某些物理、化学或生物因素可显著提高基因自发突变的频率。具有诱变效应的因素称为诱变剂。

紫外线（UV）是一种最常用的物理诱变因素。紫外线辐射能引起 DNA 链的断裂、DNA 分子内和分子间的交联等，但最主要的是使双链之间或同一条链上两个相邻的胸腺嘧啶形成二聚体，阻碍正常配对，从而引起突变。可见光照射能激活光解酶，将胸腺嘧啶二聚体解开而使 DNA 恢复正常。因此，为了避免光复活，用紫外线照射处理时以及处理后的操作应在红光下进行，并且将照射处理后的微生物放在暗处培养。

亚硝基胍（N-甲基-N′-硝基-N-亚硝基胍，NTG）是一种烷化剂，主要作用是引起 DNA 链中 GC-AT 的转换。其作用部位又往往在 DNA 的复制叉处，易造成双突变，故有超诱变剂之称。亚硝基胍也是一种致癌因子，在操作中要特别小心，切勿与皮肤直接接触。凡有亚硝基胍的器皿都要用 10moL/L NaOH 溶液浸泡，使残余亚硝基胍分解破坏。

本实验用产生淀粉酶的枯草芽孢杆菌 BF7658 作为试验菌，根据试验菌诱变后在淀粉培养基上透明圈直径的大小来指示诱变效应。一般来说，透明圈越大，淀粉酶活性越强。

三、实验器材

（1）菌株：枯草芽孢杆菌 BF7658。

（2）培养基：淀粉培养基，LB 液体培养基。

（3）实际：亚硝基胍、碘液、无菌生理盐水、盛 4.5mL 无菌水试管。

（4）仪器：1mL 无菌吸管、玻璃涂棒、血细胞计数板、显微镜、紫外线灯（15W）、磁力搅拌器、台式离心机、振荡混合器等。

四、实验步骤

1. 紫外线对枯草芽孢杆菌 BF7658 的诱变效应

（1）菌悬液的制备。

1）取培养 48h 生长丰满的枯草芽孢杆菌 BF7658 斜面 4~5 支，用 10mL 左右的无菌生理盐水将菌苔洗下，倒入一支无菌大试管中，将试管在振荡混合器上振荡 30s，以打散菌块。

2）将上述菌液离心（3000r/min，10min），弃去上清夜，用无菌生理盐水将菌体洗涤 2~3 次，制成菌悬液。

3）用显微镜直接计数法计数，调整细胞浓度为 10^8 个/毫升。

（2）平板制作。将淀粉琼脂培养基融化，倒平板 27 套，凝固后待用。

（3）紫外线处理。

1）将紫外线开关灯打开预热约 20min。

2）取直径 6cm 无菌平皿 2 套，分别加入上述调整好细胞浓度的菌悬液 3mL，并放入一根无菌搅拌棒或大头针。

3）将上述 2 套平皿先后置于磁力搅拌器上，打开板盖，在距离为 30cm，功率为 15W 的紫外灯下分别搅拌照射 1min 和 3min。盖上皿盖，关闭紫外灯。

（4）稀释。用 10 倍稀释法把经过照射的菌悬液在无菌水中稀释成 10^{-1}~10^{-6}。

（5）涂平板。取 10^{-4}、10^{-5}和 10^{-6}三个稀释度涂平板，每个稀释度涂 3 套平板，每套平板加稀释菌液 0.1mL，用无菌玻璃杯均匀地涂满整个平板表面。以同样的操作，取未经紫外线处理的菌液稀释涂平板作为对照。

（6）培养。将上述涂匀的平板，用黑色的纸或布包好，置 37℃ 培养 48h。注意每个平板背面要事先标明处理时间和稀释度。

(7) 计数。将培养好的平板取出进行细菌计数。根据对照平板上 cfu 数，计算出每毫升菌液中的 cfu 数。同样计算出紫外线处理 1min 和 3min 后的 cfu 数及致死率。

$$存活率(\%)=\frac{处理后每毫升\ cfu\ 数}{对照每毫升\ cfu\ 数}\times 100$$

$$致死率(\%)=\frac{对照每毫升\ cfu\ 数-处理后每毫升\ cfu\ 数}{对照每毫升\ cfu\ 数}\times 100$$

(8) 观察诱变效应。选取 cfu 数在 5~6 个左右的处理后涂布的平板观察诱变效应：分别向平板内加碘液数滴，在菌落周围将出现透明圈。分别测量透明圈直径并计算其比值（HC 比值）。与对照平板相比较，说明诱变效应，并选取 HC 比值大的菌落移接到试管斜面上培养。此斜面可作复筛用。

2. 亚硝基胍对枯草芽胞杆菌 BF7658 的诱变效应

(1) 菌悬液制备。

1) 将试验菌斜面菌种挑取一环接种到含 5mL 淀粉培养液的试管中，置 37℃ 振荡培养过夜。

2) 取 0.25mL 过夜培养液至另一支含 5mL 淀粉培养液的试管中，置 37℃ 振荡培养 6~7h。

(2) 平板制作。将淀粉琼脂培养基融化，倒平板 10 套，凝固后待用。

(3) 涂平板。取 0.2mL 上述菌液放到一套淀粉培养基平板上，用无菌玻璃涂棒均匀地涂满整个平板表面。

(4) 诱变。

1) 在上述平板稍靠边的一个位点上放少许亚硝基胍结晶，然后将平板倒置于 37℃ 恒温箱中培养 24h。

2) 放在亚硝基胍的位置周围将出现抑菌圈（见图 9-2）。

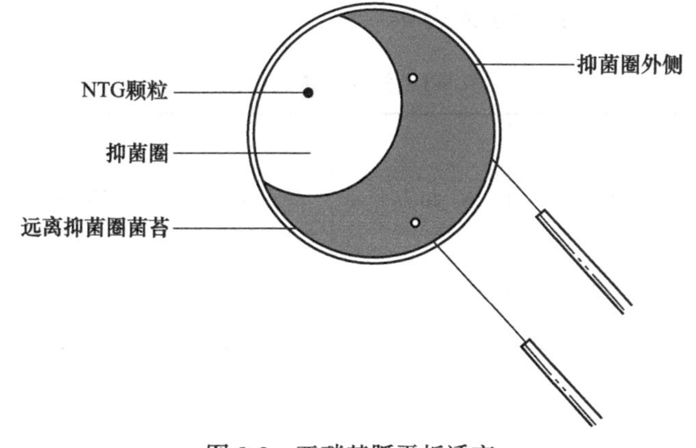

图 9-2　亚硝基胍平板诱变

（5）增殖培养。

1）挑取紧靠抑菌圈外侧的少许菌苔到盛有20mL LB液体培养基的三角瓶中，摇匀，制成处理后的菌悬液，同时挑取远离抑菌圈的少许菌苔到另一盛有20mL LB液体培养基的三角瓶中，摇匀，制成对照菌悬液。

2）将上述2只三角瓶置于37℃振荡培养过夜。

（6）涂布平板。分别取上述两种培养液过夜的菌悬液0.1mL涂布淀粉培养基平板，处理后菌悬液涂布6套平板，对照菌悬液涂布3套平板。涂布后的平板，置于37℃恒温箱中培养48h。实际操作中可根据两种菌悬液的浓度适当地用无菌生理盐水稀释。注意每套平板背面做好标记，以区别和对照。

（7）观察诱变效应。分别向cfu数在5~6个左右的处理后涂布的平板内加碘液数滴，在菌落周围将出现透明圈。分别测量透明圈直径与菌落直径并计算其比值（HC比值）。与对照平板相比较，说明诱变效应，并选取HC比值大的菌落移接到试管斜面上培养。此斜面可作复筛用。

五、注意事项

（1）照射时从开盖起，加盖止。先开磁力搅拌器开关，再开盖照射，使菌悬液中的细胞接受照射均等。

（2）操作者应戴上玻璃眼镜，以防紫外线伤眼睛。

（3）从紫外线照射处理开始，直到涂布完平板的几个操作步骤都需要在红灯下进行。

（4）凡有亚硝基胍的器皿，都要置于通风处用1mol/L NaOH溶液浸泡，使残余的亚硝基胍分解破坏，然后清洗。

六、实验报告

（1）将紫外线诱变结果填入表9-1。

表9-1 紫外线诱变结果

平均cfu数/皿 \ 稀释倍数 处理时间/min	10^{-4}	10^{-5}	10^{-6}	存活率/%	致死率/%
0（对照）					
1					
3					

（2）观察诱变效应，并填入表 9-2。

表 9-2　紫外线诱变效应

HC 比值 菌落 / 诱变剂	1	2	3	4	5	6	……
UV							
NTG							
对照							

七、思考题

（1）在制备供紫外线照射用的菌液时，应控制哪些影响诱变效果的因素？

（2）本实验中用亚硝酸胍处理细胞应用了一种简易有效的方法，并减少了操作者与亚硝基胍的接触。能否用本实验结果计算亚硝酸胍的致死率？为什么？如果不能，你能设计出其他方法计算致死率吗？

实验四十二　外毒素的毒性及其抗毒素的中和作用

一、实验目的

（1）观察破伤风外毒素对小白鼠的毒性作用。

（2）掌握小白鼠的肌肉注射和腹腔注射的操作方法。

（3）熟悉外毒素和抗毒素的定义。

二、实验原理

外毒素是某些致病菌在生长繁殖过程中产生并释放至体外的一种蛋白质。主要由某些革兰氏阳性菌如破伤风杆菌、肉毒杆菌、白喉杆菌等产生。某些革兰氏阴性菌如痢疾志贺氏菌、产肠毒素大肠杆菌、绿脓杆菌等也能产生。外毒素的性质不稳定，对热和某些化学物质敏感；其抗原性强，毒性作用也强，且具有亲组织性，能选择性地作用于某些组织器官，引起特殊病变，如破伤风杆菌产生的破伤风痉挛毒素能选择性地作用于匀地神经细胞，引起痉挛症状，甚至死亡。但是，细菌外毒素被机体的毒性左右，可被相应抗毒素中和。对具有免疫力的动物及事先或同时给予被动免疫的动物，注射同样剂量的外毒素，毒素即被中和，动物不出现中毒症状。

三、实验器材

（1）菌种：破伤风杆菌。

（2）培养基：0.1%葡萄糖疱肉培养基。

（3）动物：小白鼠。

（4）试剂：破伤风抗毒素、生理盐水。

（5）仪器：1mL无菌注射器、无菌针头、无菌吸管、碘酒棉球、乙醇棉球、离心机等。

四、实验步骤

（1）将破伤风杆菌接种于0.1%葡萄糖疱肉培养基中，于37℃培养48h，取上清液，以3000r/min离心沉淀30min，上清液中即含有破伤风外毒素，临用时可作适当稀释。

（2）取小白鼠一只，于后腿肌肉注射破伤风外毒素0.2mL。

（3）另取小白鼠一只，先腹腔注射破伤风抗毒素0.2mL，然后于后腿肌肉注射破伤风外毒素0.2mL。

（4）将两只小白鼠分别标记，逐日观察有无发病，发病鼠可见尾部强直，注射毒素的一侧下肢发生麻痹或呈强直性痉挛，以后逐渐延及另一侧下肢及全身，于2~3d内死亡。

五、注意事项

（1）注射时注意针头使用安全，切勿扎伤自己。

（2）注射后的小白鼠要注意保护，避免其他因素的干扰，导致实验结果受影响。

六、实验报告

（1）将结果填入表9-3。

表9-3 外毒素的毒性及其抗毒素的中和作用实验结果

项 目	注射破伤风外毒素的小白鼠	注射破伤风外毒素+破伤风抗毒素的小白鼠
表现出的中毒症状		
出现中毒症状时间		
死亡时间		

(2) 实验结果得出什么结论?

七、思考题

(1) 如将外毒素和抗毒素混合后再给小白鼠注射，能否出现中毒症状?

(2) 本实验能否用于测定内毒素的毒性试验?

(3) 如将破伤风杆菌培养液置60℃经20min或沸水浴中处理后再给小白鼠注射，小白鼠能否产生中毒症状?

(4) 若先给小白鼠注射破伤风外毒素，经一定时间后再给小白鼠注射破伤风抗毒素，结果会怎样?

实验四十三　细菌的接合作用

一、实验目的

(1) 了解细菌接合导致遗传重组的基本原理。

(2) 学习细菌接合实验的基本方法。

二、实验原理

通过供体菌和受体菌的完整细胞经直接接触、传递打断DNA（包括质粒）遗传信息的现象称为细菌接合。根据对接合现象的研究发现大肠杆菌存在性别分化，决定它们性别的是F因子（即致育因子）。F因子是一种染色体外的环状DNA小分子，属细菌质粒。它可自身复制，并可转移至别的细胞。没有F因子的细胞作为受体，称为F-，含有F+因子的细胞作为供体。如果F因子整合到染色体上，这种细胞称为高频重组细胞，整合在染色体上的F因子有时也会通过不规则杂交而脱离染色体重新成为游离状态的F因子，但由于F因子在脱离染色体时往往会附带着一段染色体片段，这个染色体片段和F因子构成一个整体，随F因子一起复制，含有这种F因子的细胞叫作 *F′*。在Hfr×F-杂交中，F因子上包括先导区在内的一部分DNA片段结合着染色体DNA向受体细胞转移F因子的大部分DNA处于转移染色体的末端。而且转移过程中随时可以发生中断，因此接合后的F-细胞虽然接受了某些Hfr基因，但一般不可能接受F因子而成为F+状态。

本实验采用的供体菌是大肠杆菌野生型Hfr菌株，对链霉素呈敏感性（Str^3），受体菌为大肠杆菌营养块陷型突变体（$Thr^-Leu^-Thi^-$），需要苏氨酸、亮氨酸和硫胺素，对链霉素呈抗性（Str^3）。短期接合配对以后，在含有链霉素和硫胺素的基本培养基上只能分离到苏氨酸和亮氨酸的重组子（$Thr^+Leu^+Thi^-$），硫胺素标记位于转移染色体的末端，在短期配对过程中因配对中断难以转移到受体细胞。因此，硫胺素是 $Thr^{+}Leu^{+}Thi^{-}$ 重组子的必须生长因子见图 9-3。

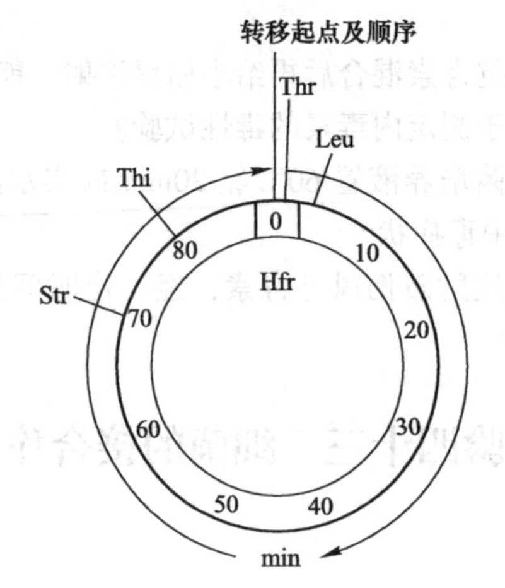

图 9-3 大肠杆菌遗传图谱

Thr—苏氨酸；Leu—亮氨酸；Thi—硫胺素；Str—链霉素

三、实验器材

（1）菌株：大肠杆菌。

（2）培养基：LB 液体培养基、链霉素硫胺素基本固体培养基平板。

（3）仪器：无菌试管、1mL 无菌吸管、盛有 70% 乙醇的烧杯、玻璃涂棒、振荡混合器。

四、实验步骤

（1）分别将供体菌和受体菌接种在 2 支盛有 5mL LB 液的试管中。37℃振荡培养 12h。

（2）分别用不同的 1mL 无菌吸管吸取 0.3mL 供体菌培养液和 1mL 受体菌培养液至同一无菌试管中。

（3）用两只手掌轻轻搓转试管，使试管内供体、受体菌混匀。

（4）将供、受体菌混合培养物置 37℃保温 30min。

（5）3 个链霉素硫胺素固体培养基平板，冷凝后，用玻璃记号笔分别作好标记，2 个平板分别用于供体菌和受体菌作为对照，第 3 个平板用于供体、受体菌混合培养物。

（6）吸取 0.1mL 供体菌放到一个作好标记的对照平板上，用无菌的玻璃涂棒将平板上的供体菌液涂布到整个平板表面，同样吸取 0.1mL 受体菌涂布到另一个作好标记的对照平板上。

（7）供体、受体菌混合培养物保温 30min 后，将这支试管剧烈振荡。

（8）吸取 0.1mL 混合培养物，如上述方法涂布到作好标记的平板上。

（9）将所有的平板倒置于 37℃ 培养 48h。

五、注意事项

（1）受体菌是过量的，这样可以保证每一个供体菌有相同的机会和受体菌接。

（2）第（3）步动作要轻柔，使供体菌和受体菌充分接触，同时避免刚接触的配对又被分开。

（3）第（7）步动作要剧烈，可用振荡混合器振荡几秒钟，使供体菌和受体菌之间的性菌毛断开，从而中止基因的遗传转移。

六、实验报告

观察所有的平板，将结果记录于表 9-4 中。“+”表示生长，“-”表示不生长。

表 9-4　细菌接合作用的实验结果

观察项目	供体菌	受体菌	混合培养物
生长情况			

七、思考题

（1）涂布有供体、受体菌的两个对照板上，是否有个别菌落形成？

（2）亲本菌株中链霉素标记的意义是什么？

实验四十四　大肠杆菌质粒 DNA 的提取及分析

一、实验目的

（1）学会使用碱裂解法提取质粒 DNA。

（2）掌握小量制备质粒 DNA 的原理、方法和技术。

二、实验原理

细菌质粒的发现是微生物学对现代分子生物学发展的重要贡献之一。特别是自 20 世纪 70 年代末以来，根据质粒分子生物学特性而构建的一系列克隆和表达载体更是现代分子生物学发展、改良生物品种和获得基因工程产品不可缺少的分子载体，发展十分迅速，而质粒的分离和提取则是最常用和最基本的实验技术，其方法很多。仅大肠杆菌质粒的提取就有十多种以上，包括碱裂解法、煮沸法、氯化铯-溴化乙锭梯度平衡超离心法以及各种改良方法等。

由于大肠杆菌染色体 DNA 比通常用作载体的质粒 DNA 分子大得多，因此在提取过程中，染色体 DNA 易断裂成线型 DNA 分子，而大多数质粒 DNA 则是共价闭环型，根据这一差异便可以设计出各种分离、提纯质粒 DNA 的方法。碱裂解法就是基于线型的大分子染色体 DNA 与小分子环型质粒 DNA 的变性复性之差异而达到分离目的。在 pH 值为 12.0~12.6 的碱性环境中，线型染色体 DNA 和环型质粒 DNA 氢键均发生断裂，双链解开而变性，但质粒 DNA 由于其闭合环型结构，氢键只发生部分断裂，而且其两条互补链不会完全分离，当将 pH 值调至中性并在高盐浓度存在的条件下，已分开的染色体 DNA 互补链不能复性而交联形成不溶性网状结构，通过离心大部分染色体 DNA、不稳定的大分子 RNA 和蛋白质-SDS 复合物等一起沉淀下来而被除去。而部分变性的闭合环型质粒 DNA 在中性条件下很快复性，恢复到原来的构型，呈可溶性状态保存在溶液中，离心后的上清液中便含有所需要的质粒 DNA，再通过用酚、氯仿抽提，乙醇沉淀等步骤而获得纯的质粒 DNA。

三、实验器材

（1）菌种：大肠杆菌单菌落或冻存菌种。

（2）培养基：DNA 提取液（溶液Ⅰ、溶液Ⅱ、溶液Ⅲ）、TE 液、酚氯仿液（酚：氯仿=1：1）、无水乙醇、70%乙醇。

（3）仪器：恒温培养箱、恒温摇床、超净工作台、高压蒸汽灭菌锅、台式高速离心机、台式小型振荡器、EP 管、加样器（20μL~1mL）、吸头。

四、实验步骤

1. 细菌的收获和裂解

（1）于 5mL 含相应抗生素（如氨苄青霉素，待培养基灭菌后冷至 50℃左右加入，至最终浓度为 80~100mg/L）的 LB 培养液中接入一单菌落，37℃过夜。

（2）取 1.5mL 菌液置于 EP 管中倒置，于 4℃、12000g 离心 30s。

（3）弃上清液，将 EP 管倒置于一滤纸上，使残留液体流出，沉淀尽可能干燥。

2. 碱裂解法提取质粒 DNA

（1）将细菌沉淀重悬于 100μL 的溶液中。

（2）加 200μL 新配置的溶液Ⅱ，倒转混匀，勿振荡，置于冰上。

(3) 加150μL冰预冷的溶液Ⅲ，倒转并轻轻振荡使溶液Ⅲ在黏稠的细菌裂解物中分散均匀，置于冰上3~5min。

(4) 于4℃、12000g离心5min，转移上清液至另一EP管中。

(5) 于上清液中加等体积酚-氯仿液，振荡混匀，4℃、12000g离心2min，小心吸取上清液，转移至另一EP管中，注意勿将两液相中间的白色蛋白薄层吸出。

(6) 于上清液中加2倍体积的无水乙醇，振荡混匀，室温放置2min。4℃、12000g离心5min，弃上清液，此时沉淀即为双链DNA。小心吸去残留的上清液，将EP管倒置于一滤纸上，使所有液体流出，再用移样器将附于管壁的液滴除尽，以使沉淀尽量干燥。

3. 纯化DNA

(1) 加1mL 70%乙醇于4℃、12000g离心5min，弃上清液（方法与步骤(6)操作相同），于室温蒸发痕量乙醇，使沉淀干燥10~30min。

(2) 用50μL含无DNA酶的胰RNA酶（20μg/mL）的TE或无菌蒸馏水重新溶液DNA，振荡，储存于-20℃备用，可长期保存。

五、注意事项

(1) 不要强烈振荡，以免染色体DNA断裂成小的片段而不易与质粒DNA分开。

(2) 提取质粒DNA时应始终在低温下进行。

六、实验报告

实验结果及结果分析。

七、思考题

溶液Ⅰ、溶液Ⅱ和溶液Ⅲ在提取质粒的过程中的作用分别是什么？

第十章 病 毒 学

实验四十五 病毒包涵体的观察

一、实验目的

(1) 了解什么是包涵体。
(2) 掌握包涵体分离的基本原理和方法。

二、实验原理

包涵体是外源基因在原核细胞中表达时，尤其在大肠杆菌中高效表达时，形成的由膜包裹的高密度、不溶性蛋白质颗粒，在显微镜下观察时为高折射区，与胞质中其他成分有明显区别。包涵体形成是比较复杂的，与胞质内蛋白质生成速率有关，新生成的多肽浓度较高，无充足的时间进行折叠，从而形成非结晶、无定形的蛋白质的聚集体。此外，包涵体的形成还被认为与宿主菌的培养条件有关，如培养基成分、温度、pH 值、离子强度等因素。细胞中的生物学活性蛋白质常以可融性或分子复合物的形式存在，功能性的蛋白质总是折叠成特定的三维结构型。包涵体内的蛋白是非折叠状态的聚集体，不具有生物学活性。

病毒在增殖的过程中，常使寄主细胞内形成一种蛋白质性质的病变结构，在光学显微镜下可见。多为圆形、卵圆形或不定形。一般是由完整的病毒颗粒或尚未装配的病毒亚基聚集而成，少数则是宿主细胞对病毒感染的反应产物，不含病毒粒子。有的位于细胞质中（如天花病毒包涵体），有的位于细胞核中（如疱疹病毒），或细胞质、细胞核中都有（如麻疹病毒）。有的还具有特殊名称，如天花病毒包涵体叫顾氏（Guarnieri）小体，狂犬病毒包涵体叫内基氏（Negri）小体。

病毒非常微小，最小的约为 20nm。因而用一般的光学显微镜是无法观察到它的，从病理技术的角度，也就无法对它们进行鉴定了。但是当它们进入机体，形成包涵体后，就可以根据它们的所在部位和形态，应用不同的特殊元素对它们进行显示和确定。

包涵体处在细胞质内或者细胞的外周质，必须破坏细胞膜才能把包涵体释放出来。

用 Macchiavello 氏改良法显示 SARS 病毒包涵体可观察到 SARS 病毒包涵体于肺组织细胞浆内，呈鲜红色，细胞核呈蓝色。纤维蛋白渗出物呈粉红色，结缔组织呈蓝色。

三、实验器材

略。

四、实验步骤

1. 破菌

（1）机械破碎。

（2）超声破碎。

（3）化学方法破碎。

2. 洗涤

由于脂体及部分破碎的细胞膜及膜蛋白与包涵体粘连在一起，在观察包涵体之前要先洗涤包涵体，通常用低浓度的变性剂如 2M 尿素在 50mM Tris pH 值为 7.0~8.5，1mM EDTA 中洗涤。此外，可以用温和去垢剂 TritonX-100 洗涤去除膜碎片和膜蛋白。

3. Macchiavello 氏改良法显示 SARS 病毒包涵体

（1）切片脱蜡至水。

（2）0.5%高锰酸钾氧化切片 5min。

（3）水洗。

（4）2%草酸水溶液漂白切片 2min。

（5）水洗。

（6）0.25%淡绿水溶液或伊红作对比染色。

（7）水洗。

（8）0.25%柠檬酸水溶液分化切片 20s，于显微镜下控制，水洗。

（9）1%甲基蓝作对比，染色 30s。

（10）水洗。

（11）风干切片。

（12）二甲苯透明，中性树胶封固。

（13）在显微镜下观察。

五、实验报告

略。

实验四十六 病毒的分离培养与鉴定

一、实验目的

(1) 掌握病毒的分离培养的方法——鸡胚接种法、细胞培养法。

(2) 掌握病毒的鉴定方法。

二、实验原理

血液、体液、分泌物、粪便等宿主来源并包含病毒的物质称病料，病毒分离时，传代细胞系、原代细胞是常用的分离方法，动物接种、鸡胚接种必要时也可用于病毒分离。分离成功的病毒，首选细胞培养的方式进行扩增，动物、鸡胚和组织也可用于病毒扩增培养，培养后的纯病毒可用于鉴定、分型、感染特性和致病特性等研究。

病毒的分离培养方法——动物接种：动物活体对病毒的感染率取决于对该病毒是否敏感、病毒接种量、接种部位以及病毒毒力等因素。宿主为人类的病毒接种时最好选择进化最接近人的物种如猩猩、猕猴、狒狒等。由于经济、伦理等因素，实验室常用的动物多为大鼠、小鼠、豚鼠和小猪等。接种部位可分口服灌胃、皮下、腹腔、血管内和颅内注射等。

鸡胚接种：鸡胚由于分化程度相对较低，来源充足且造价经济常用于某些敏感病毒的培养，不同的病毒接种于不同的囊腔中，经过孵育后可获得大量病毒，常用于病毒的分离、培养、增毒、抗原和疫苗制备等。

细胞培养：是病毒培养最常用的方法，根据病毒的细胞嗜性，选择合适的原代细胞或细胞系进行接种。培养时根据病毒的生长特性可添加适量的生长因子、血清、胰酶等物质。烈性病毒接种后的致细胞病变作用（CPE）可作为病毒感染细胞的直接观察指标，如 CPE 不明显，则需通过 PCR（聚合酶链反应）、WB（蛋白印迹 Western blotting）和 IF（免疫荧光）等方法鉴定病毒是否感染细胞。适应了细胞培养的病毒生长良好，可进行连续传代。

病毒的鉴定：临床来源的病料在接种前通常会对病毒进行初步鉴定，常用方法包括 ELISA（酶联免疫吸附试验）以及 PCR 测序等，获得纯培养的病毒则需要进行再次鉴定以确保病毒的正确性，常用 PCR 测序、IF 和 WB 等。根据临床症状、标本来源及细胞病变等特性鉴定病毒具有较大的误差，病毒的核酸、蛋白作为鉴定依据较准确。

三、实验器材

略。

四、实验步骤

(一) 病毒的分离

1. 标本的搜集

(1) 粪便标本。将5g粪便标本和50mL IPBS放入盛有20~25颗玻璃小珠的100mL无菌瓶中，搅拌成悬液，倒出上清，3000g、4℃离心6min。

(2) 拭子和生物体液。拭子浸在2~3mL运载培养基中，将棉拭子中的液体尽量挤出以获得标本，如果液体被污染，应3000Xg、4℃离心30min。

(3) 组织标本。用无菌乳钵或匀浆器研磨组织标本，同时加入足量的PBS制备成20%的悬液，3000g、4℃离心30min。

2. 除菌处理

(1) 粪便可加青链霉素使最终浓度为10000单位/毫升，置4℃过夜。

(2) 鼻咽拭子一般加抗生素最终浓度为2000单位/毫升，置4℃作用4h。

(3) 对乙醚有抵抗的病毒如鼻病毒、肠道病毒、呼肠孤病毒、腺病毒、痘病毒等，则可加入等量的乙醚4℃过夜除菌。

(二) 病毒的分离培养

病毒是严格的细胞内寄生微生物，培养病毒必须使用细胞。根据病毒的不同选用敏感动物（动物接种）、鸡胚（鸡胚接种）或离体细胞进行分离培养（细胞培养）。

1. 鸡胚接种

(1) 鸡卵的选择：一般都选新鲜、10天以内的受精卵以保证规格质量上的一致。

(2) 孵育：孵育时可将鸡卵放入卵箱内进行，气室向上，孵育的最适温度为38~39℃，相对湿度为40%~70%，孵育8日后，鸡卵应每天翻动1~2次，以帮助鸡胚发育匀称和防止鸡胚膜粘连。

(3) 检卵：鸡卵孵育4~5天后，即可用检卵器检查鸡胚发育情况（两天一次）。

1) 未受精鸡卵：在检卵器上仅见到模糊的阴影。

2) 活鸡卵：鸡胚发育4天后，在检卵器上就可见到清晰的血管，鸡卵内有一小黑点（鸡胚），有明显的自然转动。

3）死胎：如果发现鸡卵血管模糊、扩张、胚胎活动呆滞或不能自主地转动，则可判断胚胎濒死或已经死亡，应将其挑拣出来。鸡胚孵育完毕后，用铅笔划出气室边缘和胚胎的位置待用。

4）接种：分为卵黄囊接种法、绒毛尿囊膜接种法、尿囊腔接种法，下面主要介绍尿囊腔接种法，此方法主要用于正贴V和副贴V，如流感V、新疫V的分离和增殖。

①在气室接近胚体处用碘酊和酒精进行消毒。

②用钢锥穿一小孔。

③将注射器沿小孔插入0.5~1.0cm，注入0.1~0.2mL接种物。

④用石蜡封口，并置孵卵箱中孵育，每天翻卵并检卵一次24h内死亡者废弃。

5）剖检及收获。

收获前鸡胚应置4℃冰箱过夜，使鸡胚内血液凝固。收获时，用碘酒将气室部卵壳消毒，将气室处卵壳剥去（不要将碎片落入壳膜）。然后用无菌手术刀柄从胚胎背部轻轻下压（切勿压破卵黄囊），再用吸管吸取尿囊液，置青霉素小瓶内，于低温保存。

6）优缺点。

优点：技术简单、来源充沛、价格低廉、数量可大、不需特殊设备。

缺点：很多病毒不能适应，主要是哺乳动物的病毒。

2. 细胞培养

细胞培养（cellculture）指利用机械、酶或化学方法使动物组织或传代细胞分散成单个乃至2~4个细胞团悬液进行培养。根据细胞的类型和培养细胞代数的不同，可将其分为两种：原代细胞培养；传代细胞培养。

组织细胞培养的病毒，当出现稳定的细胞病变后，就可取培养液或培养液与细胞培养物混合，细胞培养物中的病毒可采用冻融、超声波等方法使其释放出来。

优点：

（1）每个细胞生理特征基本一致，对病毒易感性相等。

（2）无个体差异，准确性和重复性好。

（3）可严格执行无菌操作。

（4）细胞培养本身就能显示病毒的生长特征。

（5）应用空斑技术可进行病毒的克隆化。

（三）病毒的鉴定

细胞病变效应（cytopathic effect，CPE）：病毒在细胞内增殖后，可引起细胞的不同变化。常见的形态学改变如细胞圆缩、聚合、溶解或脱落。CPE 出现的时间是鉴定病毒的标志之一。

某些病毒感染细胞产生的特征性的形态变化，在普通光学显微镜下可见胞浆或胞核内出现的呈嗜酸性或嗜碱性染色、大小数量不等的圆形或不规则形的团块状结构，病毒学上称为包涵体。

五、实验报告

(1) 观察并记录鸡胚培养法和细胞培养法过程。
(2) 对培养的病毒进行病毒的鉴定。

六、思考题

(1) 简述鸡胚培养法和细胞培养法的优缺点。
(2) 简述除此实验介绍的鸡胚培养法外其他两种方法的过程。

实验四十七　病毒的血清学试验

一、实验目的

(1) 掌握病毒学中常用的血清学试验的原理。
(2) 了解病毒红细胞凝集及红细胞凝集抑制试验的方法及其应用。

二、实验原理

有些病毒（如流感病毒等）表面有血凝素（为糖蛋白）在一定条件下，能与鸡、豚鼠的红细胞表面的糖蛋白受体结合而发生凝集现象。利用病毒血凝试验可以检测某些病毒的存在，滴定病毒的血凝效价，便可大致估计病毒颗粒的数量（1 个血凝单位 = 10^6 个病毒颗粒）。若血清中出现特异性抗体与相应病毒结合后，使病毒失去凝集红细胞的能力，从而抑制血凝现象的出现，此为血凝抑制现象。

三、实验器材

略。

四、实验步骤

1. 病毒学血凝聚实验

(1) 取一块洗净晾干的 20 孔凹窝塑料板，用蜡笔做好标记。用带有橡皮吸头的吸管，于 1~6 孔内各加入生理盐水 0. 2mL，在第 1 孔内加入已经稀释成1 : 5

的流感病毒尿囊液0.2mL，混匀后吸出0.2mL至第2孔，再混匀后吸0.2mL至第3孔，如此稀释到第8孔，自第8孔吸出0.2mL弃去（弃于消毒缸中），第9孔不加流感病毒尿囊液，作红细胞对照。

（2）每孔加入1%鸡红细胞0.2mL，摇匀后置室温45min。

2. 病毒血凝集抑制实验

（1）取干净凹窝塑料板一块，用蜡笔做好标记，用带有橡皮吸头的吸管，于第2至第9孔内各加入生理盐水0.2mL。

（2）于第1、第2及第9孔中各加入稀释成1∶5的流感病人发病早期血清0.2mL（血清处理见附录三），混匀后，从第2孔吸出0.2mL加入第3孔，按同法稀释至第8孔，吸出0.2mL弃去（血清稀释度分别为1∶5~1∶640）。

（3）在第1至第8孔中，各加入4血凝素单位流感病毒0.2mL，第9孔不加，作为血清对照。

（4）取同一病人的恢复期血病标本一份，按同法作红细胞凝集抑制试验。

（5）另取两孔，分别作病毒血凝素对照和红细胞对照。

第10孔，病毒血凝素对照：盐水0.2mL+4血凝素单位流感病毒0.2mL。

第11孔，红细胞对照：盐水0.4mL。

（6）室温静置10min后，于第1~第11孔中各加入1%鸡红细胞0.2mL，摇匀。

五、注意事项

（1）用反复吹吸法稀释混匀病毒或血清时，手法要轻、稳，尽量减少气泡出现；

（2）为了实验准确，加红细胞时，应从最后一孔起向前加；

（3）加样毕，可将塑料板放光滑台面上慢慢划圈摇匀，但要防止溅出；

（4）观察结果时，塑料板底部垫上白纸，减少移动并按时观察，若延续时间太长，则可能出现病毒凝集红细胞后再解离的现象，从而影响结果观察。

（5）发病早期、恢复期血清要同时做，以求条件一致。

（6）其他事项与红细胞凝集试验类同。

六、实验报告

（1）对血凝集实验观察结果时，直接观察塑料板孔内的红细胞凝集试样，判断结果并作记录。

(最高病毒稀释度呈\" ++\"，凝集者作为病毒的红细胞凝集滴度，亦即1个血凝单位。例如1∶320为" ++"，即为1个血凝单位，在红细胞凝集抑制试验中，病毒血凝素需用4个单位，按上例1个血凝单位为1∶320，则1∶80含病毒的尿囊液即为 4 个血凝单位)。

(2) 对血凝聚抑制实验观察结果时，最高血清稀释度能完全抑制红细胞凝集者为红细胞凝集抑制效价，比较早期，恢复期血清的血凝抑制抗体的效价，并作出判断。

七、思考题

(1) 血凝集实验中为什么要加补充液?

(2) 为什么加病毒液和红细胞悬液时要反向加?

(3) 血凝实验和血凝抑制实验中空白对照的意义?

(4) 自学阐述 ELISA、免疫酶法和免疫荧光法及其应用。

实验四十八 病毒的毒力测定

一、实验目的

(1) 掌握病毒的毒力测定的原理及方法。

(2) 了解 Reed-Muench 公式。

二、实验原理

病毒感染能力测定是评估其毒力的常用方法之一，通常采用测定实验动物的半数致死量（50% lethel dose，LD50）和测定细胞培养物的半数组织（细胞）培养物感染量（50% tissue culture infectious dose，TCID50）来评估病毒的感染能力(毒力)。用细胞培养物测定病毒的 TCID50 较实验动物的 LD50 简便、经济，且易控制实验条件，加之细胞系的同质性高，敏感性比较一致，没有个体间的遗传差异。所以本实验介绍 TCID50 的测定方法。

溶细胞性病毒的毒力与其致细胞病变的能力直接相关，固可用不同含量的病毒液接种敏感的宿主细胞培养物测定毒力。实验中病毒的毒力以其致细胞病变效应（cytopathic effect，CPE）的程度确定，即观察病毒致细胞病变的最高和最低量，以半数细胞病变为病毒感染剂量。然而，实验中所能观察到的是不同稀释病毒致细胞病变的定性结果，需要将结果统计处理，用 Reed-Muench 公式计算，才能获得病毒 TCID50 的相对定量（滴度或效价)。

为了便于理解，以一病毒致细胞病变的观察结果，介绍 Reed-Muench 公式的计算方法。

首先获得表 10-1 的观察结果。

表 10-1 病毒 CPE 观察结果

病毒稀释度	每一病毒稀释度的细胞孔数（重复 8 孔）		累计细胞孔数		细胞孔总数	出现 CPE 孔占总细胞孔/%
	出现 CPE 的孔数	不出现 CPE 的孔数	出现 CPE 的孔数	不出现 CPE 的孔数		
10^{-1}	8	0	27	0	27	100（27/27）
10^{-2}	8	0	19	0	19	100（19/19）
10^{-3}	7	1	11	1	12	91.6（11/12）
10^{-4}	3	5	4	6	10	40（4/10）
10^{-5}	1	7	1	13	14	0.7（1/14）
10^{-6}	0	8	0	21	21	0（0/21）

从表 10-1 中可见，该病毒的 TCID50 在 10^{-3}和 10^{-4}稀释度之间。

根据 Reed-Muench 公式 TCID50=高于 50% CPE 百分率病毒稀释度的对数+比距×稀释因子的对数（1）比距=（高于 50% CPE 百分率-低于 50% CPE 百分率）/（高于 50% CPE 百分率-低于 50%CPE 百分率）(2)，将表 10-1 的数值代入（2）式中，则比距=（91.6-50）/（91.6-40）=0.8。再将比距值代入（1）式中，$\lg 10^{-3}+0.8\times\lg 10^{-1}=-3.8$，则 lgTCID50=-3.8，即 TCID50=10-3.8。查反对数得 6310，即该病毒 6310 倍稀释液 0.1mL 等于 1 个 TCID50。

三、实验器材

甲型流感病毒（Influenza virusA）、传代犬肾细胞系 MDCK（Canis familiaris）、DMEM 细胞培养液、胰酶液、磷酸缓冲液、96 孔细胞培养板、10~200μL 可调式加样器、无菌小试管、血细胞计数器、倒置显微镜、CO_2 培养箱。

四、实验步骤

1. MDCK 细胞培养

常规复苏液氮冻存的 MDCK 细胞，接种于培养方瓶中，加入 7~10mL DMEM 培养液，充分混匀，置 37℃培养 2~3d，待细胞形成致密单层备用。

2. 细胞悬液制备

MDCK 单层细胞一瓶，弃上清液，加 0.25%胰酶 1mL，消化 2~5min，待细胞完全脱壁后加入 3mL DMEM 培养液，充分分散细胞取样显微计数，调整细胞浓度为 2×10^5~5×10^5/mL。胰酶消化时间不宜过长，否则对细胞造成损伤。

3. 细胞接种

取 96 孔塑料细胞培养板一块，用加样器分别向每孔加入细胞悬浮液 200μL。

4. 细胞培养增殖

细胞培养板置37℃，5% CO_2 的培养箱中培养24h，细胞快速生长，形成70%左右的单层可用于病毒接种。

5. 病毒稀释

将病毒液在5mL无菌试管内作连续10倍稀释，即用1mL吸管吸取0.2mL病毒液，加到装有1.8mL PBS的第1支小试管内（10^{-1}），充分混匀后，更换吸管，吸取0.2mL加入第2管中，连续如此操作，继续第3支稀释，如此类推，稀释到第6管。

病毒液中务必加少量胰酶（2.5μg/mL），增强病毒的吸附力。

6. 病毒感染

从 CO_2 培养箱中取出96孔细胞板，弃上清液，用PBS洗2次，于每孔加入不同稀释度的病毒100μL，每稀释度重复8孔。对照组以100μL PBS代替病毒液，然后每孔补加新鲜的DMEM培养液100μL，总体积为200μL。

7. 观察细胞培养板置

37℃，5% CO_2 培养箱中继续培养。逐日用倒置显微镜观察细胞病变情况，至少观察一周。

五、注意事项

因为胰酶消化时间不宜过长，否则对细胞造成损伤。初学者可将细胞培养瓶置显微镜下观察，细胞变圆脱壁即可。

六、实验报告

（1）记录每天的观察情况。

（2）利用Reed-Muench公式求出甲型流感病毒的毒力。

实验四十九　噬菌体效价测定

一、实验目的

（1）观察噬菌斑的形态。

（2）掌握噬菌体效价的含义及测定的原理。

（3）掌握用双层琼脂平板法。

二、实验原理

噬菌体是一类专性寄生于细菌和放线菌等微生物的病毒，其个体形态极其微小，用常规微生物计数法无法测得其数量。当烈性噬菌体侵染细菌后会迅速引起敏感细菌裂解，释放出大量子代噬菌体，然后它们再扩散和侵染周围细胞，最终使含有敏感菌的悬液由混浊逐渐变清，或在含有敏感细菌的平板上出现肉眼可见的空斑——噬菌斑。了解噬菌体的特性，快速检查、分离，并进行效价测定，对在生产和科研工作中防止噬菌体的污染具有重要作用。

检样可以是发酵液、空气、污水、土壤等（至于无法采样而需检查的对象，可以用无菌水浸湿的棉花涂拭表面作为检查样品）。为了易于分离可先经增殖培养，使样品中的噬菌体数量增加。

采用生物测定法进行噬菌体检查，约需 12h，因而不能及时判断是否有噬菌体污染。通过快速检查可大致确定是否有噬菌体污染，以采取必要的防治措施。根据正常发酵（培养）液离心后菌体沉淀，上清液蛋白含量很少，加热后仍然清亮；而侵染有噬菌体的发酵（培养）液经离心后其上清液中因含有自裂解菌中逸出的活性蛋白，加热后发生蛋白质变性，因而在光线照射下出现丁达尔效应而不清亮。此法简单、快速，对发酵液污染噬菌体的判断亦较准确。但不适于溶源性细菌及温和噬菌体的诊断，对侵染噬菌体较少的一级种子培养液也往往不适用。

噬菌体的效价即 1mL 样品中所含侵染性噬菌体的粒子数。效价的测定一般采用双层琼脂平板法。由于在含有特异宿主细菌的琼脂平板上，一般一个噬菌体产生一个噬菌斑，故可根据一定体积的噬菌体培养液所出现的噬菌斑数，计算出噬菌体的效价。此法所形成的噬菌斑的形态、大小较一致，且清晰度高，故计数比较准确，因而被广泛应用。

三、实验器材

（1）菌种：敏感指示菌（大肠杆菌）、大肠杆菌噬菌体（从阴沟或者粪池污水中分离）。

（2）培养基：两倍肉膏蛋白胨培养液、上层肉膏蛋白胨半固体琼脂培养基（含琼脂 0.7%、试管分装）、下层肉膏蛋白胨固体琼脂培养皿（含琼脂 2%）、1%蛋白胨水培养液。

（3）仪器和器具：无菌的试管、培养皿、三角瓶、移液管（1mL、5mL）、恒温水浴锅、离心机、721 分光光度计等。

四、实验步骤

1. 噬菌体的检查

（1）样品采集。

将2~3g土样或5mL水样（如阴沟污水）放入灭菌三角瓶中，加入对数生长期的敏感指示菌（大肠杆菌）菌液3~5mL，再加20mL两倍肉汤蛋白胨培养液。

（2）增殖培养。

30℃振荡培养12~18h，使噬菌体增殖。

（3）离心分离。

将上述培养液以3000r/min离心15~20min，取上清液，用pH值为7.0，1%蛋白胨水稀释至10^{-2}~10^{-3}，用于噬菌体检查及效价测定。

（4）生物测定法。

1）双层琼脂平板法：

倒下层琼脂，融化下层培养基，倒平板（约10mL/皿）待用。

倒上层琼脂，融化上层培养基，待融化的上层培养基冷却至50℃左右时，每管中加入敏感指示菌（大肠杆菌）菌液0.2mL，待检样品液或上述噬菌体增殖液0.2~0.5mL，混合后立即倒入上层平板铺平。

恒温培养：30℃恒温培养6~12h观察结果。

观察结果：如有噬菌体，则在双层培养基的上层出现透亮无菌圆形空斑噬菌斑。

2）单层琼脂平板法：

省略下层培养基，将上层培养基的琼脂量增加至2%，融化后冷却至45℃左右，如同上法加入指示菌和检样，混合后迅速倒平板。30℃恒温培养6~16h后观察结果。

（5）离心分离加热法（快速检查）。

取大肠杆菌正常培养液和侵染有噬菌体的异常大肠杆菌培养液，4000r/min离心20min，分别取两组发酵液的上清液（A1），一部分于721分光光度计上测定OD650光密度值，另外各取5mL上清液于试管中，置水浴中煮沸2min（A2），检测A2溶液OD650光密度值，记录结果。

2. 噬菌体效价的测定

（1）倒平板。

将融化后冷却到45℃左右的下层肉膏蛋白胨固体培养基倾倒于11个无菌培养皿中，每皿约倾注10mL培养基，平放，待冷凝后在培养皿底部注明噬菌体稀释度。

（2）稀释噬菌体。

按10倍稀释法，吸取0.5mL大肠杆菌噬菌体，注入一支装有4.5mL 1%蛋白胨水的试管中，即稀释到10^{-1}，依次稀释到10^{-6}稀释度。

3. 噬菌体与菌液混合

将11支灭菌空试管分别标记10^{-4}、10^{-5}、10^{-6}和对照。分别从10^{-4}、10^{-5}和

10^{-6}噬菌体稀释液中吸取0.1mL于上述编号的无菌试管中，每个稀释度平行做3个管，在另外两支对照管中加0.1mL无菌水，并分别于各管中加入0.2mL大肠杆菌悬液，振荡试管使菌液与噬菌体液混合均匀，置37℃水浴中保温5min，让噬菌体粒子充分吸附并侵入菌体细胞。

4. 接种上层平板

将11支融化并保温于45℃的上层肉膏蛋白胨半固体琼脂培养基5mL分别加入到含有噬菌体和敏感菌液的混合管中，迅速搓匀，立即倒入相应编号的底层培养基平板表面，边倒入边摇动平板使其迅速地铺展表面。水平静置，凝固后置37℃培养。

5. 观察并计数

观察平板中的噬菌斑，并记录结果，计算公式：

$$N=Y/V\%\cdot X$$

式中 N——效价值；

Y——平均噬菌斑数/皿；

V——取样量；

X——稀释度。

五、实验报告

1. 噬菌体检查

绘出平板上的噬菌斑检测结果，指出噬菌斑和宿主细菌。

2. 噬菌体效价测定

(1) 计算每个稀释倍数下的平均每皿噬菌斑数目。

(2) 计算噬菌体效价（即噬菌斑形成单位pfu，plaque-forming unit）。

六、思考题

(1) 受体菌液与裂解液混匀后37℃保温过程中，若剧烈震荡试管可能产生什么结果，为什么？

(2) 什么因素决定噬菌斑的大小？

(3) 如果在你的测定平板上，偶尔出现其他细菌的菌落，是否影响你的噬菌体效价测定？

第十一章　免　疫　学

实验五十　凝 集 反 应

一、实验目的

（1）了解血清学反应的基本原理。

（2）学会玻片凝集和微量滴定凝集反应的操作方法。

（3）观察凝集现象。

二、实验原理

细菌细胞或红细胞等颗粒性抗原与特异性抗体结合后，在有电解质的情况下，会出现肉眼可见的凝集块，称为凝集反应，也叫直接凝集反应。除直接凝集反应外，又有间接凝集反应。

直接凝集反应又分为玻片凝集法和试管凝集法，前者可利用已知抗血清鉴定未知细菌，优点是极端快速，为诊断肠道传染病时鉴定病人标本中肠道细菌的重要手段；后者是一种定量法，现已发展成微量滴定凝集法，它可利用已知抗原测定人体内抗体的水平（效价），也是诊断肠道传染病的重要方法，例如诊断伤寒、副伤寒的肥达（Widal）氏反应即为一种定量凝集反应。假如在一个病人的病程中做几次试验，其效价是逐步上升的，则表示病人患的是试验中所用微生物所引起的传染病。

三、实验器材

（1）菌种和血清：大肠杆菌琼脂斜面培养物、大肠杆菌悬液（每毫升含9亿个大肠杆菌的生理盐水悬液，并经60℃加温0.5h）、大肠杆菌免疫血清、生理盐水稀释的1∶10大肠杆菌免疫血清装于小滴瓶中。

（2）溶液或试剂：生理盐水。

（3）仪器或其他用具：玻片、微量滴定板、微量吸管（20~80nU），微量吸管的吸嘴、接种环。

四、实验步骤

1. 玻片凝集法

（1）在玻片的一端用滴瓶中的小滴管加一滴 1∶10 大肠杆菌免疫血清，另一端加一滴生理盐水。

（2）用接种环自大肠杆菌琼脂斜面上挑取少许细菌混入生理盐水内，并搅匀；同法挑取少许细菌混入血清内，搅匀。

（3）将玻片略微摆动后静置室温中，1～3min 后即可观察到 A 端有凝集反应出现（见图 11-1），另一端为生理盐水对照，仍为均匀浑浊。

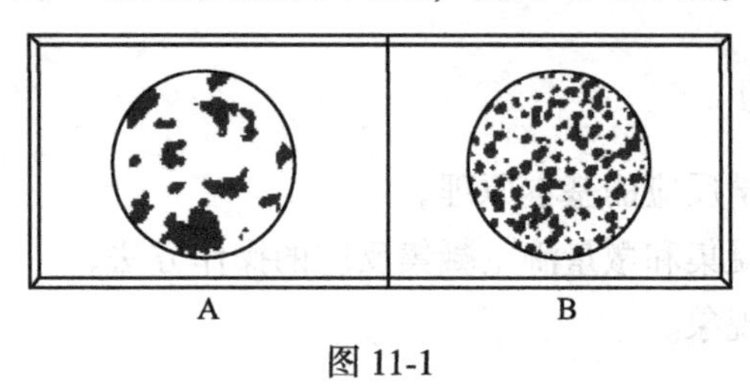

图 11-1

2. 微量滴定凝集法

（1）稀释血清（两倍稀释）。

1）在微量滴定板上标记 10 个孔，从 1～10（见图 11-2）。

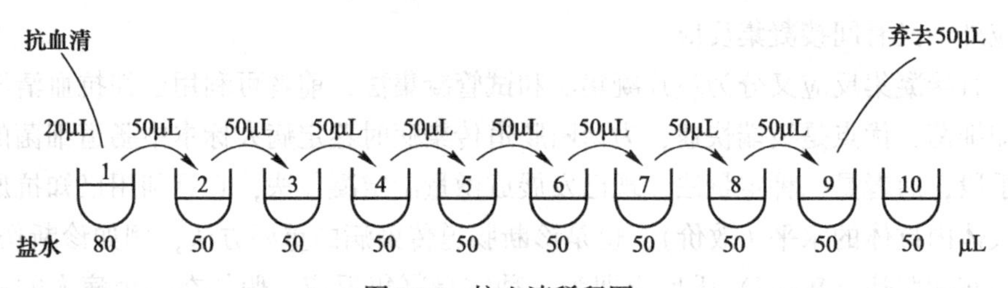

图 11-2 抗血清稀释图

用微量吸管（套上吸嘴）于第 1 孔中加 80μL 生理盐水，其余各孔加 50μL。

2）加 20μL 大肠杆菌抗血清于第 1 孔中。

3）换一新的吸嘴，在第 1 孔中吸上、放下来回三次以充分混匀，再吸 50μL 至第 2 孔。换吸嘴，同样在第 2 孔吸上、放下，三次后吸 50μL 至第 3 孔，依次类推，一直稀释至第 9 孔，混匀后弃去 50μL。

（2）加菌液每孔加大肠杆菌悬液 50μL，从第 10 孔（对照孔）加起，逐个向前加至第 1 孔。

（3）将滴定板按水平方向摇动，以混合孔中内容物。然后将滴定板放 35℃ 下孵育 60min，再放冰箱过夜。

（4）观察结果。观察孔底有无凝集现象，阴性和对照孔的细菌沉于孔底，形成边缘整齐、光滑的小圆块，而阳性孔的孔底为边缘不整齐的凝集块。亦可借助解剖镜进行观察。当轻轻摇动滴定板后，阴性孔的圆块分散成均匀浑浊的悬液，阳性孔则是细小凝集块悬浮在不浑浊的液体中。

五、实验报告

将玻片凝集结果记录于表 11-1。

表 11-1 玻片凝集结果

项　　目	大肠杆菌	大肠杆菌
画图表示		
阴性或阳性		

六、思考题

(1) 血清学反应为什么要有电解质存在，所做的玻片凝集的阳性反应端有无电解质?

(2) 稀释血清时要注意些什么?

(3) 加抗原时，为什么要从最后一管加起?

实验五十一 抗血清效价的测定

一、实验目的

了解抗血清效价的测定原理和方法。

二、实验原理

抗体效价测定是指测定抗体的物理状态及其在体内的滞留时间，以其与抗原反应的多少来表示其免疫效果，大分子颗粒抗原与相应抗体结合。

三、实验器材

11cm 平皿、200μL 微量可调移液器和吸头、打孔器、针头、1.5mL eppendorf 管、50mL 离心管、离心管架、温箱、微波炉、离心机。

四、实验步骤

(1) 灭活鸡新城疫病毒 Ulster2C 株抗原提取。

（2）1%的琼脂糖配置。

（3）倒平板。

（4）打孔。

（5）稀释抗血清。

（6）加样。

（7）孵育。

（8）观察结果。

五、注意事项

（1）动物的免疫反应存在着个体差异，甚至有人报告不同品种动物一次免疫后产生的抗体的差别可高达500倍，所以制备抗血清时不能只免疫一只动物，一般最好免疫3~4只。因为，有的动物可能产生抗体效价很低或不产生抗体，免疫反应好的动物所能提供的抗体往往高于一般动物3~4倍。

（2）为制备单价特异性高的抗血清，所用抗原纯度越高越好。因此，在纯化抗原过程中应尽量除去可能存在的杂蛋白，这样可以省去许多时间来吸收抗血清中的非特异性抗体。

（3）要制备高效价的抗体，必须要加佐剂（一般采用完全福氏佐剂），加佐剂后免疫动物，抗体效价至少可增加5倍。但也应考虑到，如果抗原中有微量的杂蛋白存在，即使0.005mg，亦可因有佐剂而产生非特异性的抗体。所以，要根据实验需要和抗原的纯度适当地使用佐剂。

（4）制成的抗原乳剂是否为油包水乳剂应进行检查，否则会影响免疫效果，如不是油包水乳剂，应重新制备。

（5）当抗原量过少不易提纯时，可采用抗原抗体在琼脂扩散中形成的沉淀线直接免疫动物制备抗体。

（6）抗血清效价一般以抗血清稀释倍数表示。血清效价的检测方法很多，灵敏度各不同，因此在表示抗血清效价时，应标明检测方法。另外，在沉淀反应中，出现沉淀时的抗原、抗体比例有一较大的范围，如用不同浓度的抗原测定效价时，结果会因此有别，所以在测定抗血清效价时，需注意抗原的浓度。

（7）分装保存的抗血清应注明抗血清的名称、效价、制备日期以及包装量。

六、实验报告

将平板从湿盒中取出，在散射光的背景下（平板后方约15cm处用手或深色物挡住）观察，或在凝胶成像系统上用白光光源观察，看抗原孔与不同稀释度的抗血清孔之间是否有白色沉淀线，有沉淀线为阳性，否则为阴性。

七、思考题

实际操作中测量血清效价有几种方法？

实验五十二　吞 噬 作 用

一、实验目的

观察粒细胞和巨噬细胞对异物的吞噬现象。

二、实验原理

人体和动物机体的吞噬细胞可根据其形态大小分为大吞噬细胞和小吞噬细胞，大吞噬细胞是指单核—巨噬细胞系统的细胞，小吞噬细胞主要是中性粒细胞。它们对外来的细菌或其他异物有吞噬、消化作用，是机体非特异性免疫的重要工具，同时也是特异性免疫的细胞成分，例如抗原递呈作用等。吞噬作用是检测吞噬细胞功能的最常用的方法之一。一般用吞噬了细菌或其他异物的吞噬细胞百分率和被吞噬的细菌或其他颗粒的数量（吞噬指数）来表示吞噬能力。

本实验是用人外周血和白色葡萄球菌混合来观察中性粒细胞的吞噬作用；以及用鸡红细胞来观察豚鼠腹腔巨噬细胞的吞噬能力。

三、实验器材

菌种和实验动物：豚鼠、葡萄球菌悬液（6亿个细菌/毫升）。

溶液或试剂：1%鸡红细胞悬液、肝素溶液（25单位/毫升）、可溶性淀粉、甲醇、消毒乙醇、碱性美蓝染液、瑞氏（Wright）染液。

仪器或其他用具：血红蛋白吸管、凹玻片、载玻片、1mL注射器及5号与7号针头、棉球等。

四、实验步骤

1. 粒细胞吞噬试验

用装有最小针头的1mL注射器在洁净凹玻片的凹孔内加入0.02mL肝素溶液。

用乙醇棉花消毒耳垂或手指，再用消毒针头刺破消毒处的皮肤，以血红蛋白吸管吸取血液0.04mL，立即放入以上凹孔内，轻轻搅动混匀。

再用1mL注射器加入约0.02mL的白色葡萄球菌悬液，充分混匀。

将凹玻片放入铺有数层湿纱布的培养皿或有盖搪瓷盘（先放37t温箱预温）内，放37℃温箱中作用30min，每隔10min摇匀一次。

取一小滴血液与白色葡萄球菌混合液于载玻片上，取另一边缘光滑的玻片用其边缘推成薄片，待干。

滴加甲醇固定3min，用水冲洗，晾干。

用碱性美蓝染液染色1~2min，水冲洗，晾干。

油镜下观察。数100个中性粒细胞中有多少个吞噬了细菌的，即为吞噬细胞百分数。

再数此100个中性粒细胞中共吞噬了多少细菌，将此总数除以100，得出每个粒细胞吞噬细菌的平均数，即为吞噬指数。

2. 巨噬细胞吞噬试验

取可溶性淀粉少许加入十几毫升水中，煮沸。

助手用实验五十四的方法抓住豚鼠。

消毒腹部皮肤，将准备好的淀粉溶液6mL注射于豚鼠腹腔内，隔1h再注射6mL。

再隔1h后，腹腔注射3mL 1%鸡红细胞悬液。

6h后，用注射器抽取腹腔渗出液，滴少许于载玻片上，推成薄片，待干。

用瑞氏染液染色1min，再加等量的蒸馏水，轻轻混合，经5min后，用蒸馏水冲洗，晾干。

油镜下观察巨噬细胞吞噬鸡红细胞现象，同样计算吞噬细胞百分数和吞噬指数。

五、注意事项

(1) 充分揉搓腹腔，尽可能将吞噬细胞冲洗下来。

(2) 用尖吸管吸取腹腔液时，尽量避开腹腔脏器，避免损伤血管引起出血，影响实验结果。

(3) 用瑞氏染液染色时，切勿先将染液倾去后再冲洗，以免染液中细小颗粒附着于玻片上影响标本的清晰度。

六、实验报告

(1) 绘图表示所观察到的中性粒细胞与巨噬细胞的吞噬现象。

(2) 计算中性粒细胞吞噬作用的吞噬细胞百分数和吞噬指数。

(3) 计算巨噬细胞吞噬作用的吞噬细胞百分数和吞噬指数。

七、思考题

(1) 吞噬细胞是如何杀死细菌的?

(2) 巨噬细胞的吞噬试验为什么先在动物腹腔内注射淀粉?

实验五十三 双向免疫扩散实验

一、实验目的

(1) 练习双向免疫扩散试验的操作方法。

(2) 观察抗原、抗体在琼脂中形成的沉淀线。

(3) 了解双向免疫扩散试验的用途。

二、实验原理

抗原、抗体在凝胶中扩散，并进行沉淀反应，叫做免疫扩散反应。将抗原与其相应抗体放在凝胶（如琼脂）平板中的邻近孔内，使它们互相扩散，当扩散到两者浓度比例合适的部位相遇时，即出现乳白色的沉淀线，称为双向免疫扩散试验。此方法是由 Ouchterlony 所提出，因此又称 Ouchterlony 技术。

双向免疫扩散试验不仅可对抗原或抗体进行定性鉴定和测定效价，还可对抗原或抗体进行 纯度分析和同时对两种不同来源的抗原或抗体进行比较，分析其所含成分的异同。

若在两孔内有两对或两对以上的抗原抗体系统，就能产生相应数量的分离的沉淀线。因此，利用此法可进行抗原或抗体的纯度分析（见图 11-3、图 11-4）。

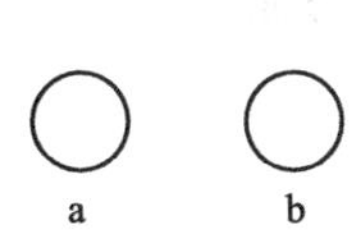

图 11-3 双向免疫扩散平板所表现的沉淀线数量

a—单个抗原抗体系统；

b—多个抗原抗体系统

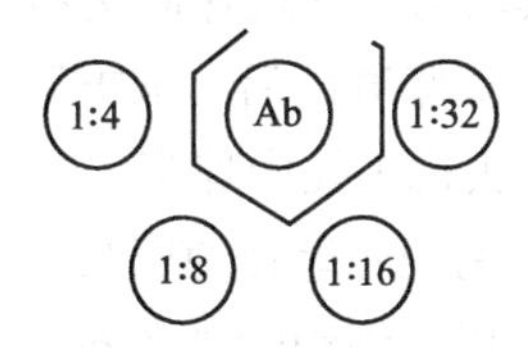

图 11-4 双向免疫扩散平板中表现的沉淀线与各抗原孔的不同距离

Ab—抗体（周围孔为抗原）

沉淀线形成的位置与抗原、抗体浓度有关，抗原浓度越大，形成的沉淀线距离抗原孔越远，抗体浓度越大，形成的沉淀线距抗体孔越远（图 11-4），因此当固定抗体的浓度，稀释抗原，可根据已知浓度的抗原沉淀线的位置，测定未知抗原的浓度；反之固定抗原的浓度，亦可测定抗体的效价。

此外观察两个邻近孔的抗原与抗体所形成的两条线是交叉抑或相连，可用来判断两抗原是否有共同成分（图 11-5）。假如同样的纯抗原 a 放在两个邻近的孔中，对应抗体放在中央孔中，两条沉淀线在其相邻的末端会互相连接和融合；若两个不同的抗原 a 和 b，则两线互相交叉；若两个抗原有部分相同成分 a 和 ab，

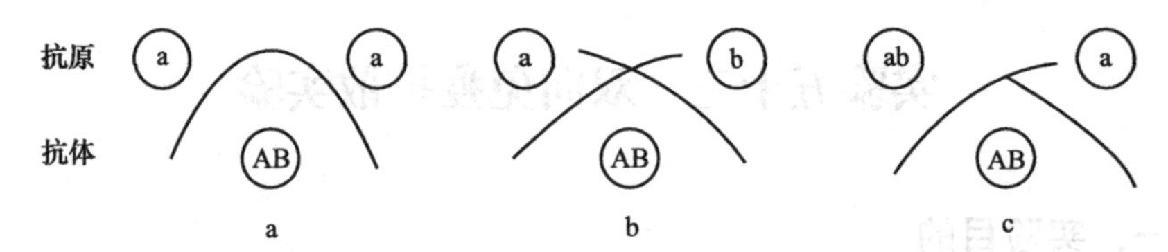

图 11-5 双向免疫扩散平板中沉淀线的类型

a—相邻两孔的抗原相同；b—抗原不同；c—抗原有部分相同

则两线除有相连部分以外还有一伸出部分。

三、实验器材

（1）血清：兔抗马血清、马血清、牛血清、山羊血清、人血清。

（2）溶液或试剂：1%离子琼脂（配法见附录三）。

（3）仪器或其他用具：方阵型打孔器或单孔金属管（孔径约 3mm）、吸管、毛细滴管、2. 5cm×7cm 载玻片、注射针头、含湿滤纸或湿纱布的培养板或带盖搪瓷盒。

四、实验步骤

（1）在沸水浴中溶解 1%离子琼脂。

（2）冷至 50～60℃左右，吸 3. 5～4mL 加在载玻片（必须放在水平位置）上，使其均匀布满玻片而又不流失。

（3）琼脂凝固后，取方阵型打孔器打孔，或单孔金属管按图 11-4 打孔，再用注射针头挑去孔中琼脂，每琼脂板打两个方阵型。

（4）用记号笔在琼脂板的底面将孔编号。

（5）用毛细滴管加兔抗马血清抗体于两个方阵型的中央孔中，第一方阵型的周围孔 1 加牛血清，孔 2 加马血清，孔径约中央孔的距离，孔 3 加羊血清，孔 4 加入血清。第二方阵型周围各孔加入的抗原与第一方阵型相同，但浓度均改为 1∶20。

注意所加血清与抗血清不能溢出孔外。

（6）将载玻片放入有湿滤纸的培养板或有盖搪瓷盒内。

（7）置 37℃温箱，24～48h 后取出观察结果。

五、注意事项

（1）加样时不要将琼脂划破，以免影响沉淀线的形成。

（2）反应时间要适宜，时间过长，沉淀线可解离而导致假阴性、不出现或不清楚。

(3) 加样时不同浓度抗体和抗原不要混淆，影响试验结果。

(4) 试验前应做预试验，确定抗体的稀释度。

六、实验报告

抗体与抗原之间有沉淀线形成，为阳性结果，以“+”表示；无沉淀线为阴性结果，以“-”表示。将结果记录于表 11-2（抗体为兔抗马血清）。

表 11-2　抗体、抗原之间沉淀线形成实验结果

抗原孔	抗原	未稀释抗原	稀释抗原
1	牛血清		
2	马血清		
3	羊血清		
4	人血清		

七、思考题

(1) 根据所得结果分析马血清与牛血清、羊血清、人血清之间有无共同成分？

(2) 抗马血清的纯度如何？

(3) Ouchterlony 技术与在液体中进行沉淀反应的技术相比，有哪些优越性？

实验五十四　免疫电泳

一、实验目的

学习免疫电泳的一般原理与方法。

二、实验原理

免疫电泳的基本原理是将电泳和琼脂免疫扩散结合起来应用，即先将蛋白质抗原在琼脂内进行电泳，使之分离成不同的电泳区带，然后在一定距离的抗体槽内加入抗血清，使进行免疫扩散沉淀反应，这样，每一电泳区带又可能产生一个以上的沉淀线条。因而此法克服了单纯琼脂扩散方法中的沉淀线重叠成束、不易鉴别的缺点，大大提高了琼脂扩散试验的分析能力。

三、实验器材

(1) 血清：某种可溶性抗原和相应抗体，例如鸡血清、鹅血清和鸡血清的免疫血清。

(2) 溶液或试剂：1%离子琼脂、pH值为8.6离子强度0.075mol/L巴比妥缓冲液。

(3) 仪器或其他用具：电泳仪、电泳槽、打孔器、2mm直径的圆形薄壁金属管、开琼脂长槽用的手术小刀、毛细滴管或微量加样器、注射针头等。

四、实验步骤

(1) 取清洁无划痕的普通载玻片，放在水平位置。

(2) 用刻度吸管吸取溶化并已冷至50~60℃的1%离子琼脂3.5~4mL，加在上述载玻片上，使其均匀布满玻片，待凝固。

(3) 用金属圆形管按图11-4打孔，用注射针头挑去琼脂。

(4) 用毛细滴管或微量加样器在上孔加鸡血清，下孔加鹅血清。

(5) 电泳将琼脂板移至电泳槽上，电泳槽中放pH值为8.6离子强度0.075mol/L的巴比妥缓冲液，琼脂板的两端各用四层纱布与缓冲液搭桥，接通电源，电流为4~6mA/cm，电压为10~12V/cm。电泳时间为45min至1.5h，亦可在抗原中加些溴酚蓝作为标志，当溴酚蓝泳动到距琼脂板末端1cm处，即关闭电源。

(6) 取出琼脂板，用手术小刀按图11-6在中央挖一长槽，用注射针头挑去琼指。

(7) 在长槽中加入抗鸡血清的免疫血清，然后将琼脂放入内有几层湿纱布的带盖搪瓷盘中，37℃下扩散24h。

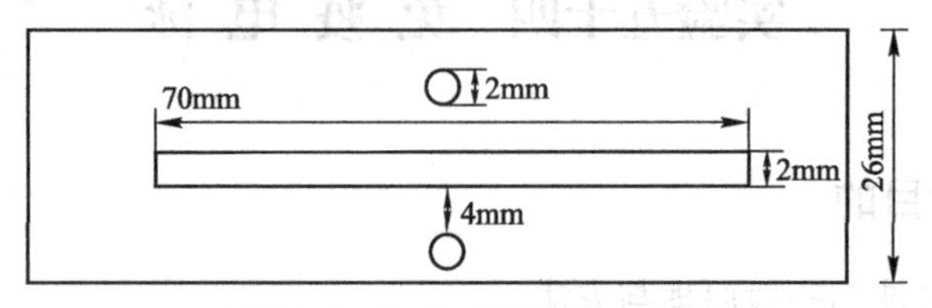

图11-6 免疫电泳琼脂板模型

五、注意事项

略。

六、实验报告

绘图表示琼脂玻片上出现的沉淀线。

七、思考题

(1) 如果所用抗原抗体是鸡血清、鹅血清和抗鸡血清的免疫血清，从所得结果看，鸡血清与鹅血清有无共同抗原？

(2) 免疫电泳与双向免疫扩散比较，哪个方法敏感？为什么？

实验五十五 酶联免疫吸附实验

一、实验目的

学习酶联免疫吸附实验的一般原理与方法。

二、实验原理

ELISA 方法的基本原理是酶分子与抗体或抗体分子共价结合，此种结合不会改变抗体的免疫学特性，也不影响酶的生物学活性。此种酶标记抗体可与吸附在固相载体上的抗原或抗体发生特异性结合。滴加底物溶液后，底物可在酶作用下使其所含的供氢体由无色的还原型变成有色的氧化型，出现颜色反应。因此，可通过底物的颜色反应来判定有无相应的免疫反应，颜色反应的深浅与标本中相应抗体或抗原的量呈正比。此种显色反应可通过 ELISA 检测仪进行定量测定，这样就将酶化学反应的敏感性和抗原抗体反应的特异性结合起来，使 ELISA 方法成为一种既特异又敏感的检测方法。

三、实验器材

(1) 猪伪狂犬病毒（PRV）抗原。

(2) 阳性对照。

(3) 阴性对照。

(4) 样品：一待测猪血清。

(5) HRP 标记猪 PRV 单抗一酶标单抗。

(6) 包被缓冲液：0.025mol pH 值为 9.6 碳酸盐缓冲液。

(7) 洗涤液：含 0.05% Tween 20 的 0.01mol pH 值为 7.4 PBSV 底物缓冲液、pH 值为 5.0 磷酸盐柠檬酸缓冲液。

(8) 底物溶液：TMB（四甲基联苯胺）、底物缓冲液、30% H_2O_2。

(9) 酶标板、酶标仪。

四、实验步骤

(1) 取已包被猪伪狂犬病毒抗原的酶标板（根据样品多少，可拆开分次使用），用样品稀释液（PBS）将待检血清 1∶1 稀释后加入板孔中，每孔加 100μL。同样 1∶1 稀释阴、阳性对照血清，阴、阳性对照各设 1 孔，每孔

100μL。另设一空白对照孔，空白对照孔加 100μL 稀释液。轻轻振匀孔中样品(勿溢出)，置 37℃温育 30min。

(2) 洗板：甩掉板孔中的溶液，每孔加入稀释好的洗涤液 200μL，静置 3 分钟倒掉，再在吸水纸上拍干，重复 3 次。

(3) 每孔加酶标单抗 100μL，置 37℃温育 30min。

(4) 洗板：洗涤 3 次（方法同步骤（2））。切记每次在干吸水纸上拍干。

(5) 显色与终止：每孔先加底物 A 液、再加 B 液各 1 滴（50μL），混匀。室温（18~25℃）避光显色 10min。

(6) 终止：每孔加终止液 1 滴（50μL）(0.25%氢氟酸)，终止反应。

(7) 10min 内测定结果。采用波长 630nm 的酶标仪测定 OD 值。检测样本的 OD 值 20.35 为阳性。

(8) 结果判定：试验成立的条件是：阴性对照孔平均 OD630 值与阳性对照孔平均 OD630 值之差不小于 0.4。S = 样品孔 OD630 值，N = 阴性对照孔 OD630 值，如果 S/N 比值不大于 0.6，样品判定为 PRV 抗体阳性。如果 S/N 比值不大于 0.7 但大于 0.6，样品重测。如果 S/N 比值大于 0.7，样品判定为 PRV 抗体阴性。

五、注意事项

(1) 操作前应对实验的物理参数有充分的了解，如环境温度（保持在 18~25℃）、反应孵育温度和孵育时间、洗涤的次数等，要先查看水育箱温度，是否符合要求。

(2) 正确使用加样器。加样器应垂直加入标本或试剂，避免刮擦包被板底部。加样过程中避免液体外溅，血清残留在反应孔壁上。加样器吸头要清洗干净，避免污染，加样次序要与说明书一致，否则可导致结果错误，实验重复性差。

(3) 手工洗板加洗液时冲击力不要太大，洗涤次数不要超过说明书推荐的洗涤次数，洗液在反应孔内滞留的时间不宜太长。不要使洗液在孔间窜流，造成孔间污染，导致假阴性或假阳性。

(4) 要保证加液量一致。我们在使用时感觉滴瓶加液不如加样器好，滴瓶不易控制，加液量不准，造成显色不统一，判断错误。

(5) 显色液量不可过多。加样的工作环境不能处于阳光直射的环境下，加显色系统后要避光反应，显色液量不能过多，以免显色过强。

(6) 试剂的影响因素。应选用有国家批准文号，质量靠得住的产品，不能图便宜，忽视质量保证。试剂应妥善保存于 4℃ 冰箱内，在使用时先平衡至室温，不同批号的试剂组分不宜交叉使用。试剂开启后要在一周内用完，剩余的试剂下次用时应先检查是否变质，显色剂如被污染变色将造成全部显色，导致错误结果。过期的试剂不宜再用，若别无选择，应做好双份质控品的监测，确保结果的可靠性。

六、实验报告

观察酶联免疫吸附实验的现象。

七、思考题

酶联免疫吸附实验有什么临床意义？

附　　录

附录一　染色液的配置

一、吕氏碱性美蓝染液

A 液：美蓝（methylene blue）0.6g、95%乙醇 30mL。

B 液：KOH 0.01g、蒸馏水 100mL。

分别配制 A 液和 B 液，配好后混合即可。

二、齐氏石炭酸复红染色液

A 液：碱性复红 0.3g、95%乙醇 10mL。

B 液：石炭酸 5.0g、蒸馏水 95mL。

将碱性复红在研钵中研磨后，逐渐加入 95%乙醇，继续研磨使其溶解，配成 A 液。

将石炭酸溶解于水中，配成 B 液。

混合 A 液及 B 液即成。通常可将此混合液稀释 5~10 倍使用，稀释液易变质失效，一次不宜多配。

三、革兰氏染色液

1. 草酸铵结晶紫染液

A 液：结晶紫 2g、95%乙醇 20mL。

B 液：草酸铵 0.8g、蒸馏水 80mL。

混合 A、B 二液，静置 48h 后使用。

2. 卢戈氏（Lugol）碘液

碘片 1g、碘化钾 2g、蒸馏水 300mL。

先将碘化钾溶解在少量水中，再将碘片溶解在碘化钾溶液中，待碘全溶后，加足水分即成。

3. 95%的乙醇溶液

4. 番红复染液

番红（safranine 0）2. 5g、95%乙醇 100mL。

取上述配好的番红乙醇溶液 10mL 与 80mL 蒸馏水混匀即成。

四、芽孢染色液

1. 孔雀绿染液

孔雀绿 5g、蒸馏水 100mL。

2. 番红水溶液

番红 0. 5g、蒸馏水 100mL。

3. 苯酚品红溶液

碱性品红 11g、无水乙醇 100mL。

取上述溶液 10mL 与 100mL 5%的苯酚溶液混合，过滤备用。

4. 黑色素（nigrosin）溶液

水溶性黑色素 10g、蒸馏水 100mL。

称取 10g 黑色素溶于 100mL 蒸馏水中，置沸水浴中 30min 后，滤纸过滤二次，补加水到 100mL，加 0. 5mL 福尔马林（40%甲醛），备用。

五、荚膜染色液

1. 黑色素水溶液黑色素蒸馏水

福尔马林（40%甲醛）。将黑色素在蒸馏水中煮沸 5min，然后加入福尔马林作防腐剂。

2. 番红染液

与革兰氏染液中番红复染液相同。

六、鞭毛染色液

1. 硝酸银鞭毛染色液

A 液：单宁酸 FeCu 蒸馏水、福尔马林（15%）、NaOH（1%）。冰箱内可保存 3~7d，延长保存期会产生沉淀，但用滤纸除去沉淀后，仍能使用。

B 液：$AgNO_3$ 蒸馏水。

待 $AgNO_3$ 溶解后，取出 10mL 备用，向其余的 90mL $AgNO_3$ 中滴入浓 NH_4OH 使之成为很浓厚的悬浮液，再继续滴加 NaOH，直到新形成的沉淀又溶解为止。再将备用的 10mL $AgNO_3$ 慢慢滴入，则出现薄雾，但轻轻摇动后，薄雾状沉淀又消失，再滴入 $AgNO_3$，直到摇动后仍呈现轻微而稳定的薄雾状沉淀为止。冰箱内保存通常 10d 内仍可使用。如雾重，则银盐沉淀出，不宜使用。

2. Leifson 氏鞭毛染色液

A 液：碱性复红 1.2g、95%乙醇 100mL。

B 液：单宁酸 3g、蒸馏水 100mL。

C 液：NaCl 1.5g、蒸馏水 100mL。

使用前将 A、B、C 液等量混合均匀后使用。三种溶液分别于室温保存可保存几周，若分别置冰箱保存，可保存数月。混合液装密封瓶内置冰箱几周仍可使用。

七、富尔根氏核染色液

1. 席夫氏试剂

将 1g 碱性复红加入 200mL 煮沸的蒸馏水中，振荡 5min，冷至 50℃左右过滤，再加入 1mol/L HCl 20mL，摇匀。等冷至 25℃时，加 $Na_2S_2O_5$（偏重亚硫酸钠）3g，摇匀后装在棕色瓶中，用黑纸包好，放置暗处过夜，此时试剂应为淡黄色（如为粉红色则不能用），再加中性活性炭过滤，滤液振荡 1min 后，再过滤，将此滤液置冷暗处备用（注意：过滤需在避光条件下进行）。

在整个操作过程中所用的一切器板都需十分洁净、干燥，以消除还原性物质。

2. Schandium 固定液

A 液：饱和升汞水溶液。50mL 升汞水溶液加 95%乙醇 25mL 混合即得。

B 液：冰醋酸。取 A 液 9mL+B 液 1mL，混匀后加热至 60℃。

3. 亚硫酸水溶液

10%偏重亚硫酸钠水溶液 5mL，1mol/L HQ 5mL，加蒸馏水 100mL 混合即得。

八、乳酸石炭酸棉蓝染色液

乳酸石炭酸棉蓝染色液：石炭酸、10g、乳酸（比重 1.21）10mL、甘油 20mL、蒸馏水 10mL、棉蓝 0.02g。

将石炭酸加在蒸馏水中加热溶解，然后加入乳酸和甘油，最后加入棉蓝，使其溶解即成。

九、瑞氏染色液

瑞氏染色液：瑞氏染料粉末 0.3g、甘油 3mL、甲醇 97mL。

将染料粉末置于干燥的乳钵内研磨，先加甘油，后加甲醇，放玻璃瓶中过夜，过滤即可。

十、美蓝染液

在52mL 95%乙醇和44mL四氯乙烷的三角烧瓶中，慢慢加入0.6g氯化美蓝，旋摇三角烧瓶，使其溶解。放5~10℃下，12~24h，然后加入4mL冰醋酸。用质量好的滤纸如What man No42或与之同质量的滤纸过滤。储存于清洁的密闭容器内。

十一、姬姆萨染液

将姬姆萨染料研细，然后边加入甘油边继续研磨，最后加入甲醇混匀，放56t 1~24h后，即为姬姆萨C存液。临用前在1mL姬姆萨C存液中加入pH值为7.2磷酸缓冲液20mL，配成使用液。

十二、Jenner（May-Grunwald）染液

0.25g genner染料经研细后加甲醇100mL。

附录二　培养基的配置

一、牛肉膏蛋白胨培养基（培养细菌用）

牛肉膏	3g
蛋白胨	10g
NaCl	5g
琼脂	15~20g
水	1000mL
pH值	7.0~7.2

121℃ 灭菌20min。

二、高氏（Gause）1号培养基（培养放线菌用）

可溶性淀粉	20g
KNO_3	1g
NaCl	0.5g
K_2HPO_4	0.5g
$MgSO_4$	0.5g
FeSO	0.01g
琼脂	20g
水	1000mL
pH值	7.2~7.4

配制时，先用少量冷水，将淀粉调成糊状，倒入煮沸的水中，在火上加热，

边搅拌边加入其他成分，溶化后，补足水分至1000mL。121℃灭菌20min。

三、查氏（Czapek）培养基（培养霉菌用）

KNO_3	2g
K_2HPO_4	1g
KCl	0.5g
$MgSO_4$	0.5g
FeSCX	0.01g
马铃薯	200g
蔗糖（或葡萄糖）	20g
琼脂	15~20g
水	1000mL
pH值	自然
蔗糖	30g

121℃灭菌20min。

四、马丁氏（Martin）琼脂培养基（分离真菌用）

葡萄糖	10g
蛋白胨	5g
K_2HPO_4	1g
$MgSO_4 \cdot 7H_2O$	0.5g
1/3000孟加拉红（rose bengal，玫瑰红水溶液）	100mL
琼脂	15~20g
pH值	自然
蒸馏水	800mL

112℃灭菌30min。

临用前加入0.03%链霉稀释液100mL，使每毫升培养基中含链霉素30ng。

五、无氮培养基（自生固氮菌、钾细菌）

甘露醇（或葡萄糖）	10g
K_2PO_4	0.2g
$MgSO_4 \cdot 7H_2O$	0.2g
NaCl	0.2g
$CaSO_4 \cdot 2R \cdot O$	0.2g
$CaCO_3$	5g
蒸馏水	1000mL
pH值	7.0~7.2

113℃灭菌 30min。

六、半固体肉裔蛋白胨培养基

肉裔蛋白胨液体培养基	100mL
琼脂	0.35~0.4g
pH 值	7.6

121℃灭菌 20min。

七、合成培养基

$(NH_4)_3PO_4$	1g
KCl	0.2g
$MgSO_4 \cdot 7H_2O$	0.2g
豆芽汁	10mL
琼脂	20g
蒸馏水	1000mL
pH 值	7.0

加 12mL 0.04%的溴甲酚紫（pH = 5.2~6.8，颜色由黄变紫，作指示剂）。121℃灭菌 20min。

八、豆芽汁蔗糖（或葡萄糖）培养基

黄豆芽	100g
蔗糖（或葡萄糖）	50g
水	1000mL
pH 值	自然

称新鲜豆芽 100g，放入烧杯中，加水 1000mL，煮沸约 30min，用纱布过滤。用水补足原量，再加入蔗糖（或葡萄糖）50g，煮沸溶化。12℃灭菌 20min。

九、油脂培养基

蛋白胨	10g
牛肉膏	5g
NaCl	5g
香油或花生油	10g
1.6%中性红水溶液	1mL
琼脂	15~20g
蒸馏水	1000mL
pH 值	7.2

121℃灭菌20min。

（1）不能使用变质油；（2）油和琼脂及水先加热；（3）调好pH值后，再加入中性红；（4）分装时，需不断搅拌，使油均匀分布于培养基中。

十、淀粉培养基

蛋白胨	10g
NaCl	5g
牛肉膏	5g
可溶性淀粉	2g
蒸馏水	1000mL
琼脂	15~20g

121℃灭菌20min。

十一、玉米粉蔗糖培养基

玉米粉	60g
KH · PO	3g
维生素	100mg
蔗糖	10g
$MgSO_4 \cdot 7H_2O$	1.5g
水	1000mL

121℃灭菌30min，维生素B，单独灭菌15min后另加。

附录三 试剂与溶液的配制

一、3%酸性乙醇溶液

浓盐酸 3mL

95%乙醇 97mL

二、中性红指示剂

中性红 0.04g

95%乙醇 28mL

蒸馏水 72mL

中性红 pH=6.8~8颜色由红变黄，常用浓度为0.04%。

三、淀粉水解试验用碘液（卢戈氏碘液）

碘片　1g
碘化钾　2g
蒸馏水　300mL
先将碘化钾溶解在少量水中，再将碘片溶解在碘化钾溶液中，待碘全溶后，加足水分即可。

四、溴甲酚紫指示剂

溴甲酚紫　0.04g
0.01mol/L NaOH　7.4g
蒸馏水　92.6mL
溴甲酚紫　pH=5.2~6.8，颜色由黄变紫，常用浓度为0.04%。

五、溴麝香草酚蓝指示剂

溴麝香草酚蓝　0.04g
0.01mol/L NaOH　6.4mL
蒸馏水　93.6mL
溴麝香草酚蓝　pH=6.0~7.6，颜色由黄变蓝，常用浓度为0.04%。

六、甲基红试剂

甲基红（Methyl red）　0.04g
95%乙醇　60mL
蒸馏水　40mL
先将甲基红溶于95%乙醇中，然后加入蒸馏水即可。

七、V.P.试剂

1. 5%ct-萘酚无水乙醇溶液
α-萘酚　5g
无水乙醇　100mL
2. 40%KOH溶液
KOH　40g
蒸馏水 100mL

八、吲哚试剂

对二甲基氨基苯甲醛　2g

95%乙醇 190mL
浓盐酸 40mL

九、格里斯氏（Griess）试剂

A液：对氨基苯磺酸 0.5g
10%稀醋酸 150mL
B液：α-萘胺 0.1g
蒸馏水 20mL
10%稀醋酸 50mL

十、二苯胺试剂

对苯胺0.5g溶于100mL浓硫酸中，用20mL蒸馏水稀释。

十一、阿氏（Alsever）血液保存液

柠檬酸三钠 208g
柠檬酸 0.5g
无水葡萄糖 18.7g
NaCl 4.2g
蒸馏水 1000mL

将各成分溶解于蒸馏水后，用滤纸过滤，分装，115℃灭菌20min，冰箱保存备用。

十二、肝素溶液

用生理盐水将肝素分别稀释成25单位/毫升和200单位/毫升，配好后，115℃ 10min高压灭菌，置4℃下备用。大约12.5单位肝素可抗凝1mL全血。

十三、pH值为8.5离子强度0.075moL/L巴比妥缓冲液

巴比妥 2.76g
巴比妥钠 15.45g
蒸馏水 1000mL

十四、1%离子琼脂

琼脂粉 1g
巴比妥缓冲液 50mL
蒸馏水 50mL

1%硫柳汞 1滴

称取琼脂粉1g先加至50mL蒸馏水中，于沸水浴中加热溶解，然后加入50mL巴比妥缓冲液，再滴加1滴1%硫柳汞溶液防腐，分装试管内，放冰箱中备用。

十五、质粒制备、转化和染色体DNA提取的溶液配制

1. 溶液Ⅰ葡萄糖

Tris-HCl（pH值为8.0）

EDTA

溶液可配制成100mL，121℃灭菌15min，4℃储存。

2. 溶液Ⅱ（新鲜配制）

NaOH

SDS

3. 溶液Ⅲ（100mL，pH值为4.8）

5mol/L KAc

冰醋酸

水

配制好的溶液Ⅲ含3mol/L钾盐，5mol/L醋酸。

4. 溶液Ⅳ

酚：氯仿：异戊醇=25：24：1

5. TE缓冲液Tris-HCl（pH值为8.0）

EDTA（pH值为8.0）

121℃灭菌15min，4℃储存。

6. TAE电泳缓冲液（50倍浓储存液100mL）

Tris碱 冰醋酸

0.5mol/L EDTA（pH值为8.0）

使用时用双蒸馏水稀释50倍。

7. 凝胶加样缓冲液100mL

溴酚蓝

蔗糖

8. 1mg/mL溴化乙锭（ethidium bromide，简称EB）

溴化乙锭双蒸水

溴化乙锭是强诱变剂，配制时要戴手套，一般由教师配制好，盛于棕色试剂瓶中，避光4℃储存。

9. 5mol/L NaCl

在800mL水中溶解292.2g NaCl加水定容到1L，分装后高压灭菌。

10. CTAB/NaCl

溶解4.1g NaCl于80mL水中，缓慢加CTAB（hexadecyltrimethyl ammonium bromide），边加热边搅拌，如果需要，可加热到65℃使其溶解，调最终体积到100mL。

11. 蛋白酶K（20mg/mL）

将蛋白酶K溶于无菌双蒸水或5mmol/L EDTA，0.5% SDS缓冲液中。

12. 1mol/L $CaCl_2$

在200mL双蒸水中溶解54g $CaCl_2 \cdot 6H_2O$，用0.22fxm滤膜过滤器除菌，分装成10mL小份，储存于-20℃。

制备感受态时，取出一小份解冻，并用双蒸水稀释至100mL，用0.45pm的滤膜除菌，然后骤冷至0℃。

十六、Hanks液

以下化学药品均要求化学纯。

1. 母液甲

（1）NaCl 160g

KCl 4g

$MgCl_2$ 2g

$MgSO_4$ 2g

加蒸水 800mL

（2）$CaCl_2$ 2.8g

溶于100mL双蒸水中。

①与②混合，加蒸馏水至1000mL，加氯仿2mL，4℃保存。

2. 母液乙

$NaHPO_4 \cdot 12H_2O$ 3.04g

$KHPO_4$ 1.2g

葡萄糖 20g

0.4%酚红溶液 100mL

加双蒸馏水至1000mL，加氯仿2mL，4℃下保存，或115℃ 10min高压灭菌后保存。

3. 使用液

取甲、乙母液各100mL混合，加双蒸水1800mL，分装小瓶，115℃ 10min灭菌，保存于4℃下备用。

十七、其他细胞悬液的配制

1. 1%鸡红细胞悬液

取鸡翼下静脉血或心脏血，注入含灭菌阿氏液的玻璃瓶内，使血与阿氏液比例为1∶5，放冰箱中保存2~4周，临用前取出适量鸡血，用无菌生理盐水洗涤，离心，倾去生理盐水，如此反复洗涤三次，最后一次离心使红细胞积压，然后用生理盐水配成1%。供吞噬试验用。

2. 白色葡萄球菌菌液

白色葡萄球菌接种于肉汤培养基中，37t温箱培养12h左右，置水浴中加热100℃，10min杀死细菌，用无菌生理盐水配制成每毫升含6亿个细胞，分装于小瓶内，置冰箱保存备用。

附录四 常用的微生物名称

Aspergillus niger Aspergillussp.	黑曲霉
Aspergillus flavus Aspergillus	粪产碱杆菌
parasiticus Alcaligenes	蜡状芽孢杆菌
faecalis Azotobacter	胶冻样芽孢杆菌
chroococcum Bacillus cereus	蕈状芽孢杆菌
Bacillus mucilaginosus	枯草芽孢杆菌
Bacillus mycoides Bacillus	球形芽孢杆菌
subtilis Bacillus sphaericus	嗜热脂肪芽孢杆菌
Bacillus stearothermophilus	苏云金芽孢杆菌
Bacillus thuringiensis Candida	白假丝酵母
albicans Ceotrichum	白地霉
candidum Clostridium	丁酸梭菌
butyricum Corynebacterium	干燥棒杆菌
xerosis Escherichia coli	大肠埃希氏菌
Enterobacter aerogenes	产气肠杆菌
Halobacterium salinarium	盐沼盐杆菌
Halobacterium halobium	盐生盐杆菌
Influenza virus A	甲型流感病毒
Lactobacillus bulgaricus	保加利亚乳杆菌
Micrococcus luteus Mucor	藤黄微球菌毛霉

附录五 洗涤液的配制与使用

(1) 洗涤液的配制。洗涤液分浓溶液与稀溶液两种，配方如下：

将重铬酸钠或重铬酸钾先溶解于自来水中，可慢慢加温，使溶解，冷却后徐徐加入浓硫酸，边加边搅动。

配好后的洗涤液应是棕红色或橘红色，储存于有盖容器内。

(2) 原理。重铬酸钠或重铬酸钾与硫酸作用后形成铬酸（chronic acid）。铬酸的氧化能力极强，因而此液具有极强的去污作用。

(3) 使用注意事项。

1) 洗涤液中的硫酸具有强腐蚀作用，玻璃器板浸泡时间太长，会使玻璃变质，因此切忌到时忘记将器板取出冲洗。其次洗涤液若沾污衣服和皮肤应立即用水洗，再用苏打水或氨液洗。如果溅在桌椅上，应立即用水洗去或湿布抹去。

2) 玻璃器板投入前，应尽量干燥，避免洗涤液稀释。

3) 此液的使用仅限于玻璃和瓷质器板，不适用于金属和塑料器板。

4) 有大量有机质的器板应先行擦洗，然后再用洗涤液，这是因为有机质过多，会加快洗涤液失效。此外，洗涤液虽为很强的去污剂，但也不是所有的污迹都可清除。

5) 盛洗涤液的容器应始终加盖，以防氧化变质。

6) 洗涤液可反复使用，但当其变为墨绿色时即已失效，不能再用。

附录六 各国主要菌种保藏机构

CCTCC（China Center for Type Culture Collection）中国典型培养物保藏中心

CGMCC 普通微生物菌种保藏管理中心

AS-IV 中国科学院武汉病毒研究所

CICC 中国工业微生物菌种保藏管理中心

CMCC 中国医学细菌保藏管理中心

CVCC 兽医微生物菌种保藏管理中心

GIMCC 广东省微生物研究所微生物菌种保藏中心

SH 上海市农业科学院食用菌研究所

ATCC（American Type Culture Collection）美国典型菌种保藏中心

NBRC（NITE Biological Resource Center）日本技术评价研究所生物资源中心

ARSCC（Agricultural Research Service Culture Collection）美国农业研究菌种保藏中心

CBS（Centraalbureauvoor Schimmelcultures）荷兰微生物菌种保藏中心

KCTC（Korean Collection for Type Cultures）韩国典型菌种保藏中心

DSMZ（Deutsche Sammlung von Mikroorganismen und Zellkulturen）德国微生物菌种保藏中心

UKNCC（The United Kingdom National Culture Collection）英国国家菌种保藏中心

NCIMB（National Collections of Industrial, Food and Marine Bacterial）英国食品工业与海洋细菌菌种保藏中心

参考文献

[1] 王玉兰．环境微生物学实验方法与技术［M］．北京：化学工业出版社，2009.
[2] 蔡信之，黄君红．微生物学实验［M］．4版．北京：科学出版社，2019.
[3] 陈坚．环境微生物实验技术［M］．北京：化学工业出版社，2008.
[4] 周长林．微生物学［M］．3版．北京：中国医药科技出版社，2015.
[5] 钱存柔．微生物学实验教程［M］．2版．北京：北京大学出版社，2008.
[6] 周德庆．微生物学教程［M］．3版．北京：高等教育出版社，2011.
[7] 沈萍．微生物学［M］．北京：高等教育出版社，2000.
[8] 李凡，徐志凯．医学微生物学［M］．9版．北京：人民卫生出版社，2018.

本书参编人员

陈中祝	李忠彬	唐　英	唐典勇
罗　洁	孟江平	孙向卫	段亨攀
王维勋	彭　琴	杨东林	杨　俊
冉婷煜	姜芳芳	张新悦	廖鑫娅
周渐民	余　乐		